Seni no Kagaku
Copyright © 2011 Yoshikazu Yamazaki, Tetsuya Sato
Chinese translation rights in simplified characters arranged with
SOFTBANK Creative Corp., Tokyo
through Japan UNI Agency, Inc., Tokyo

せんいの科学
山崎義一　佐藤哲也　ソフトバンク クリエイティブ株式会社　2011

著者简介

山崎义一

1944年出生于日本西宫市。静冈大学文理学部毕业后，就职于日本化学纤维协会，从事化学纤维的教育启蒙活动。现任山崎技师事务所所长、京都工艺纤维大学纤维科学中心及信州大学纤维学部特聘教授等职务，同时从事化学纤维的人才培养、研究开发等工作。著作有《不可思议的纤维》(science・i新书)，合著有《纤维读本》(日本实业出版社)、《纤维百科辞典》、《纤维便览》(丸善)等。

佐藤哲也

1958年生于日本京都市。京都工艺纤维大学研究生院染色工艺学专业毕业后，在色彩工学、纤维加工学、服饰设计等领域从事教育研究工作。现任京都工艺纤维大学研究生院设计经营工学教授，兼任京都工艺纤维大学纤维科学中心纤维设计战略研究室室长、泰国朱拉隆功大学理学部客座教授等职务。合著有《生活美学教科书》(光生馆)等。

株式会社Beeworks

内文设计、美术指导。

岩崎政志

插图绘制。

刚柔并济话
纤维

〔日〕山崎义一 佐藤哲也/著

谭毅 董伟/译

科学出版社

北京

图字：01-2013-1072号

内 容 简 介

"形形色色的科学"之全新系列"生活科学馆"闪亮登场了！
说起纤维，大家一定会首先想到衣服。从家里的窗帘、毯子等生活用品，到工业中的纤维材料，纤维已经成为我们生活中不可或缺的基本材料。那么纤维到底是何物？传统工艺制作出的精美织物为何令人赞叹不已？天然纤维和人造纤维有什么不同特性？纤维是如何着色的？纤维技术是如何与其他高科技相融合而大放异彩的呢？答案就在这里。
本书适合热爱科学、热爱生活的大众读者阅读。

图书在版编目(CIP)数据

刚柔并济话纤维/(日)山崎义一, (日)佐藤哲也著；谭毅, 董伟译.
—北京：科学出版社, 2013（2020.1重印）
（"形形色色的科学"趣味科普丛书）
ISBN 978-7-03-037601-5

Ⅰ.刚… Ⅱ.①山… ②佐… ③谭… Ⅲ.纤维-普及读物
Ⅳ.TS102-49

中国版本图书馆CIP数据核字(2013)第114379号

责任编辑：徐 莹 唐 璐 赵丽艳
责任制作：刘素霞 魏 谨
责任印制：张 伟 / 封面制作：铭轩堂
北京东方科龙图文有限公司 制作
http://www.okbook.com.cn

科学出版社 出版
北京东黄城根北街16号
邮政编码：100717
http://www.sciencep.com

北京虎彩文化传播有限公司 印刷
科学出版社发行 各地新华书店经销
*
2013年6月第 一 版　开本：A5(890×1240)
2020年1月第一次印刷　印张：6 3/4
　　　　　　　　　　　字数：100 000
定 价：45.00元
（如有印装质量问题，我社负责调换）

丛 书 序

感悟科学，畅享生活

如果你一直在关注着"形形色色的科学"趣味科普丛书，那么想必你对《学数学，就这么简单！》、《1、2、3！三步搞定物理力学》、《看得见的相对论》等理科系列图书，和透镜、金属、薄膜、流体力学、电子电路、算法等工科系列的图书一定不陌生！

"形形色色的科学"趣味科普丛书自上市以来，因其生动的形式、丰富的色彩、科学有趣的内容受到了许许多多读者的关注和喜爱。现在"形形色色的科学"大家庭除了"理科"和"工科"的18名成员以外，又将加入许多新成员，它们都来自于一个新奇有趣的地方——"生活科学馆"。

"生活科学馆"中的新成员，像其他成员一样色彩丰富、形象生动，更重要的是，它们都来自于我们的日常生活，有些更是我们生活中不可缺少的一部分。从无处不在的螺丝钉、塑料、纤维，到茶余饭后谈起的瘦身、记忆力，再到给我们带来困扰的疼痛和癌症……"形形色色的科学"趣味科普丛书把我们身边关于生活的一切科学知识，活灵活现、生动有趣地展示给你，让你在畅快阅读中收获这些鲜活的科学知识！

科学让生活丰富多彩，生活让科学无处不在。让我们一起走进这座美妙的"生活科学馆"，感悟科学、畅享生活吧！

前　言

　　纤维具有纤细、轻盈、柔软、强度高等特性。用纤维制成的编织物与胶片类的薄膜相比，纤维的种类、粗细以及线的密度等都可以自由变化，因此可以构成种类丰富的材料。此外，由一根一根纤维构成的编织物存在空隙，具有很好的柔韧性和透气性。因此，人们通常会觉得纤维制品温和柔软。

　　说起纤维和生活的联系，人们首先想到的就是衣服。衣服可保护人们远离外部的环境，具有保暖、美观以及显示身份、职业等多种用途。衣服由纤维制成，其功能与纤维自身的特性密切相关。

　　家庭中使用的纤维制品有窗帘、地毯、寝具等。此外，纤维也被使用到工业领域中。例如，在汽车行业，坐垫、地毯等内部装饰品以及为了保护司机和乘车人员的安全带和安全气囊等都是用纤维制造的。此外，引擎用传送带和刹车装置中的胶皮管等也是用橡胶和纤维的复合材料制成的。在安全性要求很高的轮胎中使用纤维（轮胎帘子布）可以提高轮胎的强度。

　　由此可以看出，纤维是支撑人们日常生活的基础材料。

在前文中我们就提到纤维是很细的东西，近年来，人们开始研究制造更细的纤维，粗细为最细天然纤维的几百甚至几千分之一，也就是几十或几百纳米级范围。有关纳米纤维的研究正在全球范围内展开。如果将纳米级纤维用到空气过滤器中，可以将病毒过滤出去。

本书由7个章节构成。在第1章"什么是纤维"中将介绍一些关于纤维和编织物的基础知识。在第2章"纤维工艺"中将介绍在人类祖先智慧基础上发展起来的精编纺织物的制作方法和技术。这些工匠和技艺传承至今，并不断启发创造新技术，可以说是一种温故知新。

在第3章"天然纤维和人造纤维"中将介绍天然纤维和人造纤维的特性。在第5章"纤维的功用"中将介绍纤维的用途。在第6章"舒适的纤维"中将介绍改良后的纤维。在第7章"纤维与未来生活"中将预测2035年人们的日常生活与纤维的密切关系，特别是电子领域和纤维技术的融合。

第4章"纤维与色彩"的内容是邀请京都工艺纤维大学的色彩学专家佐藤哲也教授共同完成的。对于纤维制品来说，色彩是很重要的一个因素。佐藤哲也教授为我们浅显易懂地介绍了色彩学以及纤维与色彩的关系等内容。

山崎义一

目 录 CONTENTS

刚柔并济话纤维
天然纤维与超级纤维的惊人功能和广泛用途

第1章　什么是纤维 1
- 001　纤维细长且柔软 2
- 002　纤维细长且轻便 4
- 003　纤维强度高 6
- 004　柔软的纤维 8
- 005　经纱和纬纱织成的纺织品 10
- 006　环环相扣的编织品 12
- 007　能独立制作毛衣的编织机
　　　——全自动无缝经编机 14
- 008　非纺织品、非编织品——无纺布 16
- 009　纤维制成的皮革和绒面革 18
- 专栏　终极细度的纳米纤维（超细纤维）的诞生 20

第2章　纤维工艺 21
- 001　融入琵琶湖自然味道的近江上布 22
- 002　德岛传承下来的太布织 24
- 003　羽二重——适度湿度和精工巧匠造就的丝绸 26
- 004　极品条带——西阵织 28
- 005　以褶皱闻名的丹后绉绸 30
- 006　古朴大气、端庄成熟的大岛䌷 32
- 007　添加熊笹精华和纸制作的纺织品 34
- 008　生态染色——绿色染色 36
- 专栏　编织技术催发新材料 38

第3章　天然纤维和人造纤维 ································ 39

- 001　婴儿亲肤棉 ·· 40
- 002　棉纤维的特征和有机棉 ·· 42
- 003　光滑的麻织物 ·· 44
- 004　香蕉纤维 ·· 46
- 005　公元前就作为衣服原料的羊毛 ·· 48
- 006　羊毛温暖且不易起皱褶 ··· 50
- 007　高原山羊毛与兔毛在衣料中的使用 ·· 52
- 008　丝绸——富有美丽光泽的蚕丝 ··· 54
- 009　麻栎林中美丽的野生丝绸 ··· 56
- 010　人造丝——人类首次合成的纤维 ·· 58
- 011　尼龙——纤细、强韧且柔软的纤维 ·· 60
- 012　聚酯纤维——强度高且不易产生褶皱的强韧纤维 ······················· 62
- 013　腈纶（丙烯酸纤维）——松软保暖的纤维 ······························· 64
- 014　聚氨酯纤维——收身且有弹性的纤维 ····································· 66
- 015　聚乳酸纤维——环境友好型纤维 ·· 68
- 016　强度媲美钢铁的芳香族聚酰胺纤维 ·· 70
- 017　超级纤维的最新应用 ··· 72
- 018　耐热阻燃纤维 ··· 74
- 019　应用于航空航天领域的碳纤维 ··· 76
- 专栏　向动植物学习的仿生技术 ··· 78
-       基础用语 ··· 79
- 专栏　纤维的横截面及其效果 ·· 80

第4章　纤维与色彩 ··· 81

- 001　颜色的定义 ·· 82
- 002　颜色的命名 ·· 84

CONTENTS

- 003 测 色 86
- 004 颜色的表示方法 88
- 005 季节与颜色 90
- 006 古代套装的色彩搭配 92
- 007 色彩带来的印象与效果 94
- 008 染色的发展史 96
- 009 展现色彩的染料 98
- 010 染色的色彩搭配 100
- 011 纤维制品染色 102
- 012 在布料上绘画的友禅印染 104
- 013 纤维产品颜色强度 106
- 014 色彩与时尚——流行色 108
- 015 时尚的定义 110
- 专栏 街头时尚与亚文化 112

第5章 纤维的功用 113

- 001 生活中的纤维①
  房间的装饰品——窗帘 114
- 002 生活中的纤维②
  房间的保暖设备——地毯 116
- 003 日常生活与纤维③ 促进睡眠的被褥 118
- 004 日常生活与纤维④ 轻便保暖的毛毯 120
- 005 提高汽车安全性能的纤维① 安全气囊 122
- 006 提高汽车安全性能的纤维② 支撑车轮的
  轮胎帘子线 124
- 007 通信业的支柱——有机光纤 126
- 008 IT时代的支柱纤维——硬盘砂布 128
- 009 环境友好型纤维①
  无公害栽培使用的寒冷纱 130
- 010 环境友好型纤维② 净化水质纤维 132

- 011 环境友好型纤维③ 大气净化纤维⋯⋯⋯⋯ 134
- 012 用于医院护理的安全卫生纤维⋯⋯⋯⋯⋯ 136
- 013 在渔业和海洋领域使用的纤维⋯⋯⋯⋯⋯ 138
- 014 轻质且环境友好型的膜建筑⋯⋯⋯⋯⋯⋯ 140
- 015 轻质不生锈的超级纤维棒材⋯⋯⋯⋯⋯⋯ 142
- 016 具有纳米结构纤维的消防服⋯⋯⋯⋯⋯⋯ 144
- 017 促进能源可持续发展的纤维⋯⋯⋯⋯⋯⋯ 146
- 专栏 交通与纤维⋯⋯⋯⋯⋯⋯⋯⋯⋯⋯⋯⋯ 148

第6章　舒适的纤维⋯⋯⋯⋯⋯⋯⋯⋯ 149

- 001 吸汗后可保持干爽的纤维⋯⋯⋯⋯⋯⋯⋯ 150
- 002 剧烈运动时也可保持干爽的纤维⋯⋯⋯⋯ 152
- 003 模仿北极熊毛的保暖纤维⋯⋯⋯⋯⋯⋯⋯ 154
- 004 防寒效果显著的纤维⋯⋯⋯⋯⋯⋯⋯⋯⋯ 156
- 005 防晒护肤纤维⋯⋯⋯⋯⋯⋯⋯⋯⋯⋯⋯⋯ 158
- 006 控制火势的阻燃纤维⋯⋯⋯⋯⋯⋯⋯⋯⋯ 160
- 007 冬季防静电纤维⋯⋯⋯⋯⋯⋯⋯⋯⋯⋯⋯ 162
- 008 去除异味的纤维⋯⋯⋯⋯⋯⋯⋯⋯⋯⋯⋯ 164
- 009 保持身体清洁的纤维⋯⋯⋯⋯⋯⋯⋯⋯⋯ 166
- 010 应对花粉过敏的纤维⋯⋯⋯⋯⋯⋯⋯⋯⋯ 168
- 011 纤维与回收利用① 纤维制品的3R⋯⋯⋯ 170
- 012 纤维与回收利用② 还原成原料的
  化学回收⋯⋯⋯⋯⋯⋯⋯⋯⋯⋯⋯⋯⋯⋯ 172
- 专栏 残疾人的时尚⋯⋯⋯⋯⋯⋯⋯⋯⋯⋯⋯ 174

第7章　纤维与未来生活⋯⋯⋯⋯⋯ 175

- 001 2035年的生活与纤维⋯⋯⋯⋯⋯⋯⋯⋯⋯ 176
- 002 调整衣服内部环境的衣料① 发热材料⋯ 178

CONTENTS

- 003　调整衣服内部环境的衣料② 冷却纤维 …………… 180
- 004　与电子科技融合的e-纺织品 ………………………… 182
- 005　转基因蚕丝——蛛丝纤维 …………………………… 184
- 006　模仿壁虎的壁虎胶带 ………………………………… 186
- 007　用于采集海水中铀的纤维 …………………………… 188
- 008　为观测地球作出贡献的纤维 ………………………… 190
- 009　可能会被用于未来太空电梯的纤维 ………………… 192

参考书籍 ……………………………………………………… 194

第 1 章

什么是纤维

本章将列举本书中使用的纤维、
编织物等基本实例。
服装、寝具、窗帘、地毯等均是由纤维制成的。
我们的身体也是由肌肉、神经这样的"纤维"组成的。
也就是说,纤维是构成物体的基本物质。

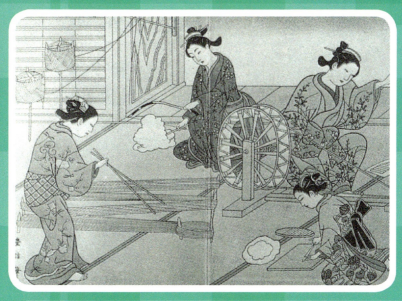

(出处:日本纺织协会)

001 纤维细长且柔软

衣服、被褥、窗帘、地毯等生活用品都是由纤维制成的。

衣服是将布料裁剪后立体缝制而成的。如果将衣服针脚拆开，可以分成线和布等，再用手捻开或撕开可以看到丝。如果再进一步将这些丝线细拆的话，就会看到细细的纤维。换言之，纤维就是剥开丝制物所得到的"具有一定形状的最小单位"的物体（图1）。

通常我们认为纤维**细长且柔软**，对于使用在服装上的纤维，除此之外还要考虑其强度和质量等因素。

利用纤维制作布料有很多优点。例如，在制丝过程中，根据纤维的种类、粗细的不同，可以制作各种不同的丝。此外，在使用丝进行织布的过程中，丝的粗细、柔软度以及织成布料后的组织形态等，均能影响布料性质。一般来讲，这种丝编织而成的布料十分柔软，由于丝和丝之间存在空隙，布料具有良好的透气性（图2）。

如上所述，用纤维织出的布能够满足不同的使用目的，从而形成了产品的多样化。另外，丝线或布料都可以通过染色呈现出不同色彩，能够彰显个性。

图1 衣服等由纤维制成

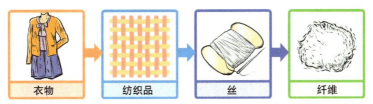

（参考：日本化学纤维协会）

图2 柔软的布料——丹后绉绸

纤维制成的纺织品柔软舒适，能呵护肌肤（提供：丹后织物工业组合）

002 纤维细长且轻便

在上节中已经说明了纤维是细长且柔软的物质。虽然日本没有在数字上对纤维的粗细和长度关系进行定义，但在美国有明确的规定，即"长度至少为直径的100倍以上"[美国材料与试验协会（ASTM）]。

为了便于大家想象纤维有多细多轻，可以用人的头发来做一个比较。一根头发的直径为50~80μm（1μm为1/1000mm）。与之相比，在天然纤维中蚕丝最细，约为10μm。而化学纤维中的聚酯和尼龙，即便使用普通的制造方法，细度也可以达到蚕丝细度的一半以下。如果使用其他专为制造超细纤维所开发的特殊制法，可以制造出细度为蚕丝十分之一至百分之一的产品。这种化学纤维是更细的"微纳纤维"。例如，直径为5μm、长度为540km的尼龙，其质量仅有20g左右。也就是说，仅用20g这种纤维就能将东京和大阪连起来。

虽然说过纤维很轻，但有些纤维是由玻璃或钢等无机材料制成的，它们并没有那么轻。天然纤维或化学纤维是由有机物构成的，这些纤维都非常轻。如果将尼龙和钢丝进行比较的话，在相同粗细的情况下，尼龙的重量约为钢丝的七分之一。所以，用于登山等方面的绳索会采用重量轻而强度大的尼龙材料。另外，由于聚乙烯纤维的密度比水小可以浮在水面上，所以常被制成拴系船只的绳索。

第1章 什么是纤维

图1 超细纤维和头发的电子显微镜照片

超细纤维（直径为0.8~0.6μm）　　头发（直径为数十μm）

（提供：东丽（左）、石川县工业试验场（右））

图2 纤维很轻

----- 基础用语 -----

纤度表示纤维的粗细，单位是特克斯（tex）。特克斯是指长度为1000m的纤维所具有的质量。将长度为1000m、质量为1g的纤维定义为1tex，那么同样长度，质量为100g的纤维则为100tex。如果使用特克斯来比较粗细相同的尼龙纤维和钢丝，尼龙的密度为1.14，钢丝的密度为7.85，因此尼龙的纤度数值为钢丝的七分之一。

纤维强度高

　　纤维具有高强的抗拉特性，特别是尼龙和聚酯等合成纤维，即使是很细的一根，也很难被轻易拉断。

　　金属丝等纤细物质的强度通常是指单位截面积所能承受的强度（kgf/mm²，lkgf=9.806 65N）。这里所说的强度是指沿轴向拉伸纤维使其发生断裂时的强度（应力）。例如，用于衣料的尼龙纤维，横截面积为1mm²时的强度为60kgf，具有良好的抗拉性能。

　　但是由于纤维有时粗细不均匀，很难用横截面积来准确地描述纤维的粗细，所以我们采用了一个新的单位——纤度（参照5页基础用语）。纤度是表征一定长度下纤维所具有的质量的单位，也就是说纤维强度并不是单位截面的强度，而是单位纤度所对应的强度。

　　将粗细相同的纤维悬挂在空中，受自重作用纤维发生断裂，此时所对应的强度值与发生断裂时的长度成正比。如果使用这个值进行比较的话，可以发现尼龙纤维的强度比钢丝还高。

　　纤维由于质量轻强度高，被广泛应用于各种产业。例如，由碳纤维和树脂固化而成的复合材料已应用于航空器的机身部分，这样可以减轻机体的质量从而大幅降低燃料费用。目前正在研究开发将这种材料应用到汽车领域。这种材料在赛车等领域已经开始使用，而在轿车领域还处于研发之中。

图1 不同纤维的单位截面强度（kgf/mm²）

（　）内为密度（g/cm³）

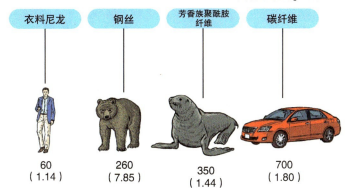

衣料尼龙	钢丝	芳香族聚酰胺纤维	碳纤维
60 (1.14)	260 (7.85)	350 (1.44)	700 (1.80)

使用粗细相同的纤维进行比较，得到拉断时的强度

图2 单位纤度强度

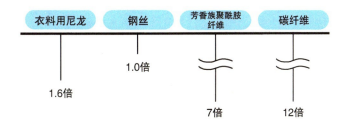

衣料用尼龙	钢丝	芳香族聚酰胺纤维	碳纤维
1.6倍	1.0倍	7倍	12倍

粗细相同的纤维，其单位纤度强度与受自重断裂时的长度成正比。
将钢丝强度作为1时的比例系数

━━━━━━━━━ 基 础 用 语 ━━━━━━━━━

纤维的强度通常是指拉伸纤维至断裂时的强度（拉伸强度），将测定的强度（牛顿）换算成单位纤度（特克斯）来表示。

柔软的纤维

金属丝和玻璃丝是由金属和玻璃制成的,而我们使用的衣物则是由柔软的有机纤维制成的。

使用纤维可以制成不同编织物或纺织品,由于集束纤维构成的丝,在纤维和纤维之间存在间隙,编织物和纺织品的丝线之间也会存在间隙,这使得编织物和纺织品十分柔软。

为了使连衣裙和半身裙能够勾勒出身体曲线,布料需要有良好的柔软性。我们通常把纺织品的这种特性叫做**悬垂性**。

衣服种类不同,其柔软度也不同。例如,像西服这样的外套,人们比较青睐使用具有一定张力和弹性的材料,然而内衣等产品,人们倾向选用亲肤贴体的布料。通常根据衣服的具体用途来选用不同材料的编织物和纺织品,其柔软度等特性由纤维的种类、粗细、构成丝的纤维根数、捻丝时的强弱等来决定。

蚕吐出来的生丝是由一种叫做**丝胶蛋白**的胶状物将两条丝黏结在一起而形成的,如果将生丝浸入碱水中,丝胶蛋白会溶解,从而将两根丝分离出来,这个过程叫做精炼。精炼之后的丝线之间会产生间隙,纺织品因此也变得更加柔软。用聚酯纤维纺织品制作衬衫时,其质地虽然很薄,但张力过大,通常模仿精炼过程使用碱水溶解纤维的表面,从而获得柔软的纺织品。

图1 编织品的放大图像

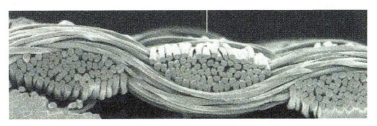

丝线与丝线之间存在间隙,构成丝线的纤维之间也存在间隙,从而使编织物具有柔软性

图2 布料的悬垂性测试

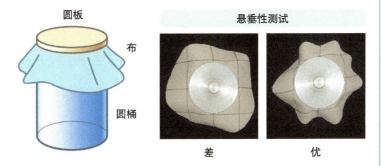

图3 生丝精炼(左:生丝,右:精炼后的绢丝)

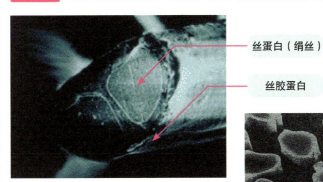

用碱水将丝胶蛋白溶解后,两条丝就会彼此分开变得更加纤细,这样纤维间就会产生间隙而变得更加柔软

005 经纱和纬纱织成的纺织品

● **纺织品的历史**

迄今为止发现的人类使用纤维材料的最早历史文物是从埃及新石器时代的法尤姆遗迹中出土的亚麻布。据此推断,纤维纺织的历史可追溯到公元前4200年[1]。

● **纺织品的定义**

纺织品是由大致相互垂直的经纱和纬纱上下交错编织而成的。首先,将布幅所需要根数的经纱穿过开口机构(综),然后将其穿过导纱机构(杼)。开口机构是使经纱上下移动的部件,根据不同的移动方式,可以织出各种不同样式的纺织品。导纱机构的作用是避免经纱缠绕,将经纱一根一根地分开。穿过导纱机构的丝线一半向上一半向下,在经线上下分离的间隙中,铺上缠绕在梭子上的纬线,然后开口机构再反向升降,如此循环往复就可以制成纺织品。

能够使经线一根一根上下移动的装置叫做提花机。使用提花机不仅能够让经线一根一根地上下移动,还能够通过交换梭子改变纬线颜色、织出复杂的花纹。但是,由于梭子的往复运动会影响生产效率。所以,不需要梭子的纺织机应运而生。

图3所示的通过喷射水柱来牵引纬纱穿越梭子的纺织机叫做"水刺纺织机"。与传统的有梭纺织机相比,无梭纺织机可以大幅度地提高生产效率。

第1章 什么是纤维

图1　纺织机的原理

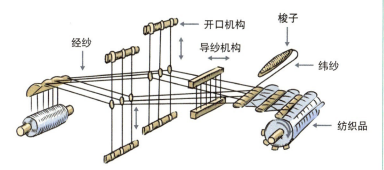

图2　教学用纺织机和梭子

图3　新型织布机的一种（水刺纺织机）

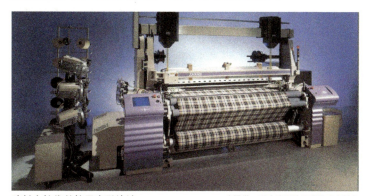

喷射水柱代替梭子牵引纬纱　　　　　　　　　（提供：日本津田驹工业株式会社）

006 环环相扣的编织品

编织品就是将丝线相互编织在一起制成的物品。根据编织方向不同可以把编织品分为纬编织品和经编织品。纬编织品是横向供线、横向成缝，经编织品则是纵向成缝。

● 编织品的历史[2]

人们在公元前约1000年埃及时代的古墓出土文物中发现有编织物，是人类迄今为止最早的编织品。历史上最早出现的工业用编织机是1589年英国人发明的袜子编织机，1847年英国人又发明了圆形编织机。日本也在1700年左右制造出手工编织袜机。

● 纬编机

纬编机和家用手工编织机构造相同，均是在一根线上横向打出多个环，再用另一根线穿过这些环打出新环，这样循环往复，进行编织。一般情况下，为了打出两列环，都需要安装针床。而且在机构上还会装有凸轮，用来控制针上下移动，这样一来，针床左右往复运动即可进行编织。纬编织品如果有一根线断了，就会一点点地散开。

● 经编机

经编机是用导纱针将经向供给的线在针上打成环，每打一个环就用相邻的导纱针将其移动再打一个环，如此循环往复，织成布料。经编织品能够像纺织品一样用于裁剪缝制。这种编织品适用于内衣、泳衣等。

图1　纬编织品和经编织品的结构

（参考：日本化学纤维检查协会）

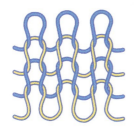
纬编

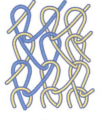
开口

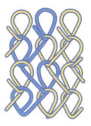
闭口

经编

图2　圆形编织　　图3　圆形编织机

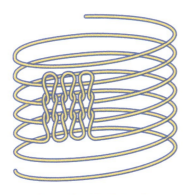

（参考：株式会社福原精机制作所）

007 能独立制作毛衣的编织机——全自动无缝经编机[3]

使用传统经编方法制作毛衣时，是将分别编织好的袖子和其他部分通过缝合方法连在一起，但是现在可以使用能够进行立体编织整块布料的"无缝编织机"进行制作。因为没有缝合的针脚，所以不会有硬邦邦的感觉。另外，编织机上也可以立体加工出带有褶缝或百褶裙那样的立体图案。

全自动无缝经编机不需要进行缝合作业，可以说是从经编机到制品一体化的划时代产品。一直以来，编织品都需要剪制纸样、裁剪布料、缝合，整个流程作业耗时耗力。在新系统中，前身、后身、衣领、袖子的编织可以同时进行，"整体设计、商标内置、安装布料、完成作业"一气呵成，大大缩短了工序，跳过了裁剪、缝制、拼接等后续工作，降低成本的同时也缩短了从订购到成品交货的时间。

这种编织机应用了以前自动手套编织机的原理。但是手套尺寸很小，大拇指、食指、中指、无名指、小拇指的长度又各不相同，而且大拇指和其他四指的方向也不一样，所以编织方法非常复杂。电脑无缝经编机把手腕当成毛衣或者连衣裙的领口部分，大拇指是一只袖子，小拇指是另一只袖子，剩下的三根手指则相当于腰身部分，这样就出现了与编织无缝手套相同原理的编织毛衣和连衣裙的无缝编织机。

近几年，无缝布料开始使用圆形编织机进行生产。

第1章 什么是纤维

图1 全自动无缝经编机产品实例

（提供：岛精机制作所）

非纺织品、非编织品
——无纺布

既不用纺也不用织制成的布叫做**无纺布**。制作无纺布的方法有多种。

把纤维集成股制成薄膜形状,然后用大量细针进行刺扎,纤维彼此之间相互缠绕(针刺法),然后进行加热使其部分熔解,形成很薄的布。

另外,还有一种方法(纺粘法)是在制作合成纤维中的连续纤维时,让纤维不规则地相互缠绕,产生均匀层,最后制成布状。除了这两种方法外,还可以用类似于制纸和抄纸工艺的技法来制造纤维薄片。

● **针刺法**

所谓针刺法就是拆开具有一定长度的短纤维,用梳理机等梳成单纤维状态,然后铺成网状(短纤维的层状薄片)。网状薄片根据要求和用途不同,可以进行多层叠加,再用一种特殊的针进行上下高速运动,针上的突起部分(倒钩)让纤维彼此缠绕,制成布料。

● **纺粘法**

与聚酯纤维、聚丙烯纤维的制作方法相同,将高温熔融的高分子通过开有很多小孔的喷嘴挤压出去,直接纺丝。将纺成的长纤维束在传送带上多层叠加,铺成网状薄片。将该薄片在热压辊上进行部分高温熔接,形成软薄且结实的无纺布。这种方法最适合于制造薄片基布,生产效率很高。

第1章 什么是纤维

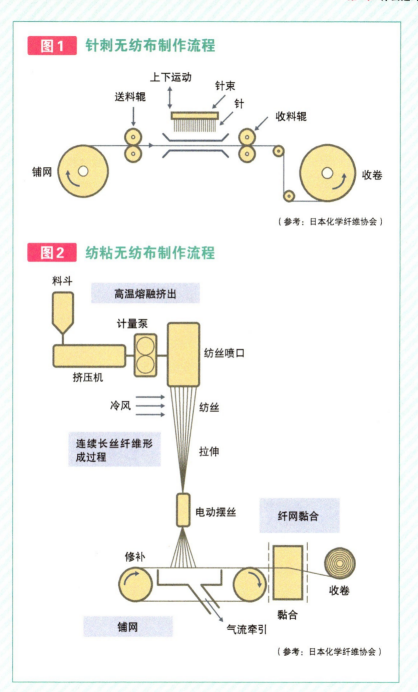

（参考：日本化学纤维协会）

009 纤维制成的皮革和绒面革[4,5]

天然皮革是通过鞣制动物毛皮、去除可溶性蛋白质及脂肪等不必要的成分而得到的以胶原质为主要成分的纤维制品。图1所示为天然皮革的截面结构及构成皮革的胶原质纤维的结构模型。根据皮革制品的表面形态，皮革大致可分为粒面皮革和绒面革两种。

粒面皮革制品是通过表面着色、上光等工序制成的。绒面革则是对皮革表面进行起毛处理，并在起毛面上完成胶原质纤维加工。

人造皮革和人造绒面革的表层与天然皮革一样，都是由超细纤维群组成的。以人造绒面革为例，使用由海岛纤维技术得到的超细纤维（参照20页专栏）制成无纺布结构，浸渍于聚氨乙酯树脂中，从而使其表面轻微起毛。

这种起毛工艺就像使用了无数的针或砂纸处理布料的表面，使表面纤维起毛，然后剪整到相同厚度。这样得到的人造绒面革就具备了超细纤维所拥有的柔软性、绒面革效果（能够用手指在布料表面写字）、透湿性等特性，并广泛应用于衣料、自行车车座布料、座椅布料等各种产品。

人造皮革还可以通过金属轧辊压碾表面、上光等工序进行生产，这种材料常用于鞋面和皮包。

第1章 什么是纤维

图1 天然皮革的截面结构及胶原质纤维的结构模型

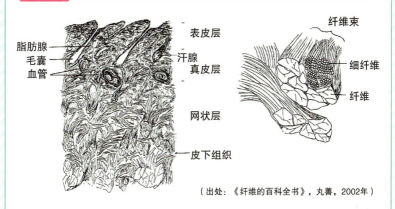

（出处：《纤维的百科全书》，丸善，2002年）

图2 人造绒面革

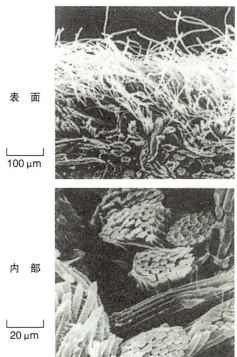

（出处：《纤维的形态》，朝仓书店，1982年）

专栏

终极细度的纳米纤维（超细纤维）的诞生

制造超细纤维应用的是复合纺丝技术。复合纺丝是从一个喷口挤压出两种原料高分子，使其纤维化的方法。在制造超细纤维时，采用上述技术将两种成分混合并进行复合纺丝，制成织物后，溶解其中一种成分，只留下岛成分（海岛纤维），这种方法也叫做海岛纤维法。使用这种方法，可以制成单丝纤度为700nm的超细纤维。

此外还有一种原理同海岛纤维法相同的共混纺丝法。对于海岛纤维，只需要将岛成分按照所需纤维数量提供到喷口处即可，但在共混纺丝时，要事先将两种成分在长度方向上尽量均一地混合，把它纺丝成布后再溶解其中一种成分。使用这种方法，可以得到单丝纤度为几纳米的纤维。

图1 海岛纤维模型

图2 特殊海岛纤维群（700nm/根）

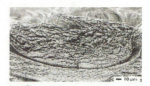

图3 共混纺丝纤维

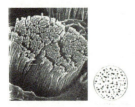

图4 纳米级纤维群

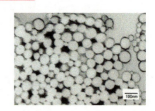

（提供：图1、3、4 东丽，图2 帝人纤维）

第 2 章

纤维工艺

纤维拥有悠久的历史。
很久以前各地就生产纺织品，并流传下来了以西阵织和大岛䌷为
代表的传统技法。
本章将介绍纺织品中具有代表性的传统技术，
同时也为大家讲解继承并不断发展的现代制造工艺如何
使传统制作工艺继续发扬光大。

将加贺友禅夹在透明树脂中制成的屏风
（提供：金泽工业大学）

融入琵琶湖自然味道的近江上布[1,2]

质地轻薄的优质麻织物统称为上布。上布是上贡布料。江户时代，武士服是麻织物，百姓通过上交贡品等方式缴纳上布，所以上布逐渐作为通用名词而被使用。其中，新潟县小千古地区生产的越后上布、石川县能登半岛的能登上布、滋贺县的近江上布、鹿儿岛县的萨摩上布等更是为人所熟知。

在近江地区，受惠于从铃鹿山脉涌出大量清澈水质的爱知川以及高湿度环境，从镰仓时代就开始发展麻织物制造。在江户时代，因为彦根藩的振兴政策，麻织物得到了进一步的发展，形成了稳定的地方产业。从那时起，印染技术也取得了极大的进步，这就诞生了近江上布独特且典雅的飞白花纹样式。

麻十分强韧且耐水性好，但是，麻在从丝到纺织品的加工过程中不耐干燥，在旱风季节需要浸湿后再纺织。麻适合生长在气候湿润的环境中，所以多生长于降雪量较大的越后、能登、亚热带地区的琉球（冲绳）等地。

近江上布，是在非常细的纱上印染上碎纹。主要工艺是栉押捺染和型纸捺染。型纸捺染是指将线轴放置在印花台上，将印花制版紧密排列，用印染刮刀押印印花糨糊的技术。

将织好的布料以近江独特的缩皱处理进行加工，精细完成最后一道工序。

第2章 纤维工艺

图1 近江上布的加工程序

设计
↓
纬纱的印染
↓
纬纱的分线
↓
用开口机构或导纱机构穿经线
↓
手织
↓
成品

（提供：近江《新之助上布》）

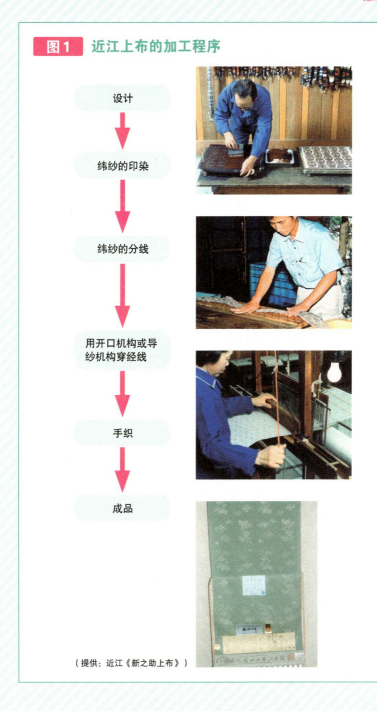

23

德岛传承下来的太布织[3]

太布织以桑科楮树（在古代作为布和纸的原材料被种植）的树皮为原料制成，是非常结实的纺织品。据《古事记》、《日本书纪》、《万叶集》所记载，在当时太布织作为布料被称为"栲"（妙），是非常普通的布料。楮树在本州中部以南的山中自然生长，各地的山村都纺织太布等布匹，这些布匹在制成衣物（作为衣料一直使用到明治末期）和日用品（榻榻米边、被子、袋子等）的同时，也是一种重要的变现商品。但是，明治之后，棉织物开始占主导地位，太布仅在德岛县那贺町木头地区流传下来。

在楮树林中砍下楮树，在甑中蒸两个小时。蒸好之后，剥下树皮并用碱水煮。轻微冷却后上面铺满稻壳，然后用脚进行踩踏、用棒槌敲使树皮变软。因为要清洗掉稻壳和树皮，所以需要将其放入流动的河水中。将树皮放入河水冲洗三天后在户外晾干，这样纤维变得很软。将这样的纤维捻丝合股，使用地机纺织成太布。

为了保护太布纺织技术，旧木头村成立了"阿波太布制造技法保存传承会"。该协会在1984年接受了县非物质文化遗产认定，进一步传承太布的纺织技术。

现在，该协会每周都会进行至少一天的室内外作业，但仍然面临着继承人匮乏的问题。过去，太布用于制作衣服和袋子，最近这种布料被应用于手提包、围裙、桌布等纯手工制品上。

第2章 纤维工艺

图1 楮树的采集

图2 用𬘓机进行太布纺织

图3 太布纺织品

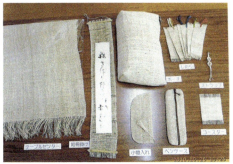

（提供：生存意义工坊"太布庵"）

003 羽二重——适度湿度和精工巧匠造就的丝绸[4, 5]

　　羽二重是一种由经纱和纬纱相互交叉平纹织成的纺织物。普通的平纹由粗细相同的经纱和纬纱各一根织成,而羽二重是用未合股的线作为经纱和纬纱,且经纱用两根细线织成,所以布匹轻柔且富有光泽。羽二重一词的来源主要有以下两个原因:其质感如鸟的羽毛般轻盈柔软,并且因为织布机机杼中通过两根经线来织布,所以有"二重"的意思,就产生了羽二重一词。其颜色洁白、手感舒适,所以常被制作成顶级的和服衬里,也用于礼服。

　　一般情况下未经合股的生丝很容易出现斑点,并且纺织的瑕疵也容易显露出来,因此进行羽二重纺织时需要复杂的技术,并且这一技术已被传承下来。

　　羽二重直接由生丝织成,制成纺织物后要进行精炼。纺织生丝时有使用干燥丝线和湿润丝线两种方法,使用湿润丝线进行纺织可以得到强度高的织物。从1877年(明治10年)开始,在京都、群马县桐生等地人们开始进行羽二重纺织机的研究,1887年(明治20年),在福岛县、石川县、福井县等地人们开始了羽二重的制造。福井地区全年的昼夜湿度差较小,所以非常适合丝织物的制造,在江户时期就以高品质、高产量的丝织物生产地而为人熟知。19世纪90年代前叶,福井县的丝织物生产量在全日本位列第一。

　　福井县有一种叫"羽二重饼"的特产,该饼口感柔软滑嫩,给人一种和羽二重丝布一样的感觉。

图1 羽二重的结构

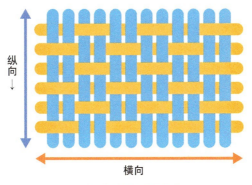

由两根经线编织而成

图2 羽二重的制法

羽二重制法中的特殊工序

装入杼中

织造

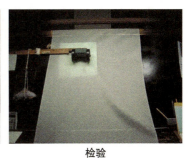

检验

（提供：东野东吉织物）

极品条带——西阵织[6,7]

京都·西阵的地名,是在距今约540年的应仁之乱时,西军阵营曾布于此而得。西阵织指的是西阵地区利用事先染好的丝线纺织成的花纹纺织品。这些花纹纺织品常被用于丝带面料、衣料、绸缎以及领带面料等。西阵织的豪华条带可以称得上是一件艺术品。

明治初期为了引进西欧的技术,京都府派遣佐仓常七、井上伊兵卫、吉田忠七3人到法国里昂留学,引入了由法国人雅克发明的提花机(经纱提花装置)。

1877年(明治10年),荒木小平制造出了日本第一台提花机。受其影响,西阵地区在1887年(明治20年)左右,将传统的手工花纹纺织技术逐步发展为现代的利用提花机的花纹纺织技术。到了大正昭和年代,随着高级丝织品的大众化,传统的手工花纹纺织技术也在不断优化,图案、设计也越来越讲究,西阵织已成为日本高级纺织品的代名词。

西阵织的生产流程主要有原丝、捻丝、染丝、金银丝、理经丝、综丝、绘制花纹、纺织等。西阵织的种类有织锦、锦缎、缎子、纱罗织物、碎花色织物、轴丝织物等。具有代表性的织锦是在经纱下面放置花纹的底样,然后穿插纬纱编制,并用锯齿状的尖端来聚拢纬纱,按照花纹底样来纺织。

歌中常会听到"金线织花的锦缎带子"等句子,这经常会给人增添一些误解。其实金线织花和缎子是两种截然不同的纺织品,但都属于西阵织。

| 图1 | 织锦的正面 |

| 图2 | 织锦的反面 |

为了能用纬纱织出花样，将密度大的纬纱织入经纱中进行纺织

| 图3 | 通风织物示例（花轮图案） |

正面　　　　　　　　　反面

通风织物是一种多层纺织品，常用于衣料、布袋、带子等

（出处：《西阵织物总览》）

005 以褶皱闻名的丹后绉绸[8, 9]

日本的绉绸起源于360年前。当时，一位从中国到日本的纺织工人在泉州（大阪南部）的堺这个地方纺织绉绸，并将这种工艺教给了当地的工人。此后，这种工艺流传到了京都的西阵，再进一步流传到丹后。

丹后绉绸的经纱是未捻的生丝，纬纱则是使用每米要强捻3000余次的生丝，彼此交织制成布料，然后通过精炼工艺使丝线收缩，纬纱的捻力得到释放，这样布料上面就会出现细小的凸凹不平的褶皱。褶皱是丹后绉绸的主要特征。由于具有褶皱，绉绸很难起皱，所以丹后绉绸手感舒适。凸凹表面的漫反射使得色调十分丰富，而且可以带来有深度的色彩感。染色之前的绉绸有变地绉绸、一越绉绸、古代绉绸、花纹绉绸等不同种类。

变地绉绸：通过特殊的捻丝工艺克服了收缩上的缺点，使其不易产生缩尺，也不易产生皱褶。

一越绉绸：历史悠久、褶皱优美、手感舒适。

古代绉绸：比一越绉绸的褶皱更加明显，常用于素色布料。

花纹绉绸：利用织绫子的正反面来编制花纹。质量较重的用于饰有花纹的和服、正式服装等高级服装，较轻的则用于和服中的贴身衬衫。

图1 **八角捻丝机**

丹后绉绸捻丝机器

图2 **丹后绉绸的精炼**

冲洗绉绸成品上的丝胶蛋白和污渍，使其变成手感柔软且质地纯白的绉绸

（提供：丹后织物工业组合）

古朴大气、端庄成熟的大岛绸[10,11]

大岛绸是指奄美大岛生产的将绢丝染成以飞白花纹为主的纺织品。这种布料是由手纺绸丝制成，因而取名为绸，但现在常用绢丝。染丝的方法是将丝浸入从车轮梅树中提取出来的染料，再埋入含铁量丰富的泥土中，反复操作直至变成黑褐色，因此得名为泥大岛。

奄美养蚕的历史悠久，奈良时代以前就可以将人工绸丝加工成褐色绸丝。当时流行于本州的古代染丝技术流传到奄美，奄美人利用当地生长的车轮梅等树木来给绸丝染色以此获得褐色绸丝。据推测，后来的车轮梅和泥浆染色也来源于此。

以下是大岛绸的工艺流程。

图案调整：根据花纹需要用点来表示纵向白点和横向白点的交叉处。

固定：将具有碎花图案的部分，以压织方法捆成一束。

车轮梅树染色：熬制车轮梅树的树干和根部，反复地将丝浸入其中，在丹宁酸的作用下丝会变成红棕色。

泥浆染色：将碎花丝线的底色部分和底色的丝线部分用车轮梅树和泥浆染成黑色。

开松：解开绷紧的被着色的那部分，染色。

纺织：拼接经纱和纬纱的花纹部分，纺织出花样。

检查：检查已经织好的大岛绸。

图1 大岛䌷的制作工艺

图案调整

固定

车轮梅树染色

泥浆染色

开松

纺织

(提供:河野绢织物有限会社)

添加熊笹精华和纸制作的纺织品[12]

将和纸细细裁断、捻线制成和纸丝。通过加工处理，这种和纸丝具有良好的耐洗涤性，可应用于服装制造上。

在和纸中加入熊笹，再把和纸细细裁断、捻线、制丝、纺织得到的纺织物称为**笹和纸布**。竹纤维的耐洗涤性不亚于传统的棉布料，且兼有熊笹的杀菌、除臭等一系列优良性能。

熊为了过冬，常在冬眠前摄入大量食物，最后还会摄入大量熊笹。在冬眠过程中熊不能排泄，这会导致体内排泄物的堆积。按照常理推测，熊的肠道内会发生异常发酵，毒素通过血液蔓延全身。但是，熊笹可以有效防止这些不良现象的发生。

一般情况下，熊笹叶脱离母体后在太阳光的作用下，叶绿素会在短时间内迅速分解，功效显著下降。而在笹和纸布中，由于经过改良，叶绿素即使在阳光照射下也不会分解。作为最新技术，人们正在研发具有良好的耐洗涤性，同时也具有良好强度的和纸制造工艺。例如，纸币有时会被误洗，即使是这样纸币也不会发生损坏，这是因为人们在纸币制造过程中增加了耐洗加工工艺。

笹和纸布还具有很多其他方面的优良性能，如吸水性强。纤维中的空隙可以有效锁住水分，即使面料吸收了水分仍具有丝绸般顺滑的手感。

第2章 纤维工艺

图1 笹和纸布的制作过程

熊笹碎片

在和纸原料中加入熊笹碎片，制成薄片状的笹和纸

造纸

把薄片状的笹和纸放入狭缝中切成细长的带状，如果需要细丝，就切成窄条，如果需要粗线，就切成宽条

搓丝

将这些带状和纸搓成丝状

面料和成品

使用捻线做成笹和纸布或加工成制品

（提供：丝井纺织株式会社）

008 生态染色——绿色染色[13,14]

在高级服装行业中拥有传统制造高质感服装染色技术的某公司开发了绿色染色技术。绿色染色是以食品制作过程中未被使用部分为原料进行染色的方法。例如，从传统日式点心店的红小豆豆皮、榨取酱油后的大豆中提取染料，利用这些染料进行染色。

诚然，使用植物染料染色存在使用或洗涤过程中褪色的问题，但是这种技术问题正逐步被改善。

原料有板栗（板栗外皮）、红小豆（红小豆皮）、梅子（酿造纪州南高梅梅酒的残余物）、荷兰芹（榨取蔬菜汁后的残余物）、乌龙茶（茶渣）、柿子（柿子皮）、黄豆（榨取酱油后的豆渣）、花生（花生外面的红色种皮）、葡萄酒（酿酒后残余的葡萄）、咖啡（咖啡豆）等。

但是因为有的原料刚入手便会腐烂，有的原料只能在秋天才能获得，因此对原料的获得和处理非常困难。针对这种情况，人们发明了一年四季都可再现鲜艳色彩的染色技术。尽管如此，也会出现颜色由于染色时期的不同而不同的现象。例如，使用柿子皮染色时，早秋成熟和晚秋成熟的柿子会呈现出不同的颜色。除此之外，光照和浸水也会造成色差，为了解决这个问题，有时会在最小限度内使用染料或药品。

绿色染色完全不对聚酯进行着色，在棉花或羊毛上进行着色也会出现比较大的色调差异，不过这就是这种染色方法追求的自然之色。

第2章 纤维工艺

图1 绿色染色的制品

具有高级质感的各种制品

拖鞋

（提供：艳金化学纤维株式会社）

专栏

编织技术催发新材料

编织,自古有之。编织是一门将丝编织成牢固的线的技术。我们以4股圆绳编织为例,用图示加以说明。

这个技术被应用到新材料中。下图所示的是大型纺线装置,称为编织机。使用这类机器将碳纤维和玻璃纤维编织成筒状薄片,之后再以树脂凝化,就可以形成轻型牢固的结构材料。

图1　4股圆绳编织

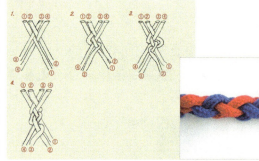

(摄影:邦迪工作室)

图2　高性能纤维编织机

(提供:石川县工业试验场)

图3　碳纤维薄片

(提供:石川县工业试验场)

第 3 章

天然纤维和人造纤维

本章将介绍天然纤维和人造纤维的制法和性质。
衣料的性能很大程度上取决于纤维的特性。
我们有必要对纤维的种类进行深入研究。

成　分

棉　50%
聚酯纤维　50%

001 婴儿亲肤棉[1,2]

墨西哥曾出土过公元前3500年时期的棉制品碎片。16世纪初，棉花的种子传到了日本，随即被广泛种植，并在江户时期达到了鼎盛。但是由于进口棉花物美价廉，在日本现在已经很少种植。

● **棉花的种类**

一般我们所说的棉是指棉籽周围起保护作用的棉花部分，也叫做皮棉。而棉籽则用来榨制棉籽油和色拉油。

一根纤维是由一个细长细胞长成的。不同种类的棉花，其纤维长度和粗细度也有所不同。纤维细长的棉被认为是高级棉，这种棉花通常都以产地命名，如"埃及棉"、"海岛棉"、"秘鲁棉"、"苏丹棉"等。在日本，普通服装所使用的都是美国棉，其长度为2.5~3cm，直径大概是1mm的七十分之一。印度棉和巴基斯坦出产的棉花叫做"小弟棉"，它的纤维粗、长度在2cm以下。这种棉通常用于被褥等。棉花的年产量仅次于聚酯，在纤维中产量排第二，两者产量相差无几。

棉花又被叫做木棉。棉原本指的是蚕茧中抽取的生丝，是由未能缫丝的蚕丝拆成丝绵状得到的，作为茧绸的原料。因此，为了区别于蚕丝的废料棉，这种植物棉团被叫做木棉。

第3章 天然纤维和人造纤维

图1 棉花和棉纤维

（提供：日本棉业振兴会）

002 棉纤维的特征和有机棉[3]

● **棉纤维的特征**

棉纤维中心部位有一个空腔，叫做 中腔，中腔周围的纤维会一直向内压挤。由于在纤维的侧面呈现出被称为 皱缩 的卷曲状，因此很容易纺成丝。

棉纤维是一种吸湿吸汗性好、强度高的纤维。由于棉纤维很柔软，其成分中的纤维素对皮肤也较为温和，所以常常被用于内衣和婴幼儿用品。

棉纤维在湿润的时候强度会有所提高，因此即使经过反复洗涤也不会损坏。除此之外，棉纤维对碱性物质也有很好的抗腐蚀性，可以进行漂白处理，从而制成白色产品。未经漂白的棉布泛黄，叫做本色棉布。虽然棉布易于着色，但是深色棉布有时会因为洗涤而脱色。

● **有机棉**

现在，在培育棉花的过程中通常会使用大量的农药。有机棉是指种植在三年内都未曾使用过农药和化学肥料的土地上，且在种植过程中也不能使用农药和化学肥料的产品。

有机棉生产具有严格的审查标准，并且有专门的认证机构会对其进行检查。有机棉经过纺纱、织布等制作流程最后成为产品，而且在整个流程中，也要把化学药品对环境的污染降到最低，这样的最终成品才能称为是"有机棉产品"。

图1 棉纤维和棉纤维结构示意图

棉纤维

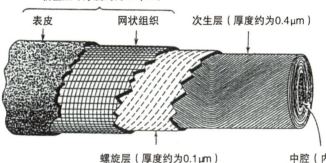

初生层（厚度约为0.1μm）
表皮
网状组织
次生层（厚度约为0.4μm）
螺旋层（厚度约为0.1μm）
中腔（内腔）

（出处：日本纺纱协会）

图2 有机棉认证标志

100%有机棉

（出处：日本有机棉协会）

003 光滑的麻织物[4,5]

麻被认为是人类最早用于制作衣服的纤维。在古埃及的遗迹中还发现了描绘麻的培育过程和纺织女的壁画，布裹法老木乃伊所使用的也是麻的品种之一——亚麻。即使是在日本，各地也广泛种植苎麻，并手工纺织成布。

古时的日本，麻作为归化植物培育，直到中世纪末期开始普及棉花前，麻一直是普通老百姓的制衣原料。麻是大麻科植物的统称，其中作为布料的种类有前面提到的苎麻和亚麻。麻的同类植物还有大麻、黄麻等，但是麻不够柔软，不适合制作衣料。相反，利用这一特点麻可以制成口袋、绳索、帆布、地毯等。亚麻和苎麻是将茎浸泡在雨水和露水中，在细菌的作用下，胶质和纤维束能够很容易地分开，再通过击打使纤维分离。

麻的成分和棉一样都含有纤维素，麻是天然纤维中强度最高的，和棉一样，润湿时麻的强度也会有所提高，并且还会产生清凉的触感。这是由于麻纤维同样具有很好的吸湿性，且材质较硬，所以清凉干爽。麻容易吸汗，耐洗涤，作为初夏的布料最合适不过了。但是，麻纤维摩擦时容易起毛，而且容易发白。所以，对于麻布料来说，应尽量选择浅色。

第3章 天然纤维和人造纤维

图1 苎麻和苎麻纤维的剖面图

（提供：帝国纤维）

苎麻纤维剖面图（1刻度=2.5μm）

图2 亚麻和亚麻纤维的剖面图

（提供：帝国纤维）

亚麻纤维剖面图（1刻度=2.5μm）

图3 具备天然质感和柔顺触感的亚麻制品

（提供：帝国纤维）

004 香蕉纤维[6]

日本纤维制造商日清纺目前正在进行一个"香蕉工程",所谓的"香蕉工程"就是通过回收利用收割香蕉后留下的茎来生产纤维。

收获香蕉时会砍去茎,从残留部分处会长出新茎继续成长,而砍下的茎则作为农业废弃物被遗弃。1998年,由名古屋市立大学教授森岛先生提议,利用香蕉的茎废物来生产纸张,此后这作为政府官方开发援助政策的一个部分进行研究,同时日清纺也开始了编织物的相关研究。

该公司目前在开发含70%棉纤维、30%香蕉纤维的产品。香蕉纤维具备优良的吸水性,质量轻,柔软并富有光泽。

在冲绳也有对类似于甘蔗的月桃茎进行纤维化加工的项目。同时,月桃也常用来制作年糕和点心,而且从月桃的叶子和果实中提取的精油可以防虫抗菌,因此也常用于制作食品、化妆品、防虫剂、芳香剂等。但是,其利用率仅为20%,剩下的80%的茎还是会被废弃。加工月桃茎得到的纤维虽然没有抗菌作用,但是弹性韧性适中,并同时兼备吸水性强、干燥性快的特点。

已经开发出由月桃纤维和棉纤维混合织成的布料,用于制作冲绳T恤衫。

第3章 天然纤维和人造纤维

图1 香蕉纤维的制造过程

从砍伐后香蕉的树茎中采集品质好的纤维部分，将剩余的部分埋入土中作为天然肥料

剥下茎的表皮，取出纤维并进行干燥

干燥后成原草

经过提纯和化纤工序，制成棉

棉经过混纺过程形成布料

（提供：日清纺纺织品）

图2 香蕉纤维

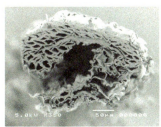

香蕉纤维（粗管部分）的显微照片

（提供：日清纺纺织品）

47

公元前就作为衣服原料的羊毛[4,7,8]

据说大约公元前2200年人类就开始用从绵羊身上剪下的羊毛进行编织。羊毛纺织品在日本的普及则始于明治维新引发的洋装风潮。1879年（明治12年），第一家政府经营的羊毛纺织厂在东京建成。

这里所说的羊毛指的是绵羊毛。山羊和绵羊长得很像，都有角，而且羊蹄是裂开的，从表面看完全一样，但山羊有胡须，绵羊没有。

山羊毛英文叫hair，坚韧有光泽，像人的头发。绵羊毛英文叫wool，毛又细又弯，而且手感松软。其实在很久以前，绵羊身上既有绵羊毛也有类似山羊毛的毛，是我们的祖先经过数千年的改良，才培育出了只长绵羊毛的绵羊。其中最为著名的要数澳大利亚的美利奴绵羊，该绵羊的羊毛是纯白色的，又细又长，且具有很美的弯曲度，非常适合纺织成细线。另外一方面，新西兰的绵羊是杂交绵羊，与美利奴绵羊相比，羊毛纤维更粗更长，所以常用来生产手工编织的毛线和地毯。

羊毛保暖效果很好，而且不容易褶皱，因此常被用来生产服装布料、毛衣、毛毯以及地毯等日常生活用品。因为羊毛的成分是蛋白质，所以必须要注意防虫。

棉纤维（参照43页）的结构是由同心圆形状的细胞膜叠层而成，而羊毛纤维如图2所示，其结构为多个细胞分层构成，可见植物纤维和动物纤维间有着很大的差异。

第3章 天然纤维和人造纤维

图1 美利奴绵羊

(提供:AWI日本分公司)

图2 羊毛纤维截面模型图

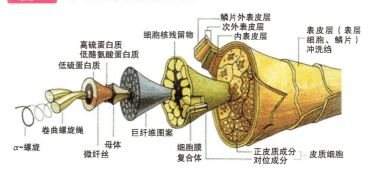

(出处:《纤维手册 第3版》,丸善,2004年)

图3 蛀蚀的羊毛

(提供:日本衣料管理协会)

006 羊毛温暖且不易起皱褶[8]

羊毛具有以下四个特点。

❶ 纤维如弹簧一样扭转弯曲

羊毛是由两层具有微妙差异的结构组成的,向这两层加热或加水,由于各自的收缩率不同,会向具有高收缩率成分的方向弯曲。因此,纤维会收缩成圆弧形而形成皱缩。纤维所呈现的皱缩,对利用纤维进行纺丝这一点极其重要。如果没有皱缩,纤维与纤维之间就容易松动,无法形成强韧的丝线。

❷ 纤维表面疏水,内部亲水

羊毛表面覆盖着一层鳞片,这种鳞片具有疏水性。鳞片层层重叠,并且鳞片之间具有间隙。而内部成分(皮质)的吸湿性能很好,所以其能够吸收间隙中的水分。

❸ 在湿润状态下揉搓纤维,纤维之间会缠绕收缩

鳞片顺着毛端方向一节一节分布。鳞片同向时,纤维之间容易滑移,反向时由于相互的摩擦不易滑移。纤维被润湿时鳞片节与节之间的距离会增大,在这种状态下揉搓,纤维之间的缠绕会加剧,发生毛毡化,进一步收缩。

❹ 即使产生褶皱,用蒸汽熨烫后褶皱也能被熨平

如果在穿着后起褶皱,只要使用蒸汽熨烫,纤维就能再次产生皱缩,褶皱消失。

第3章 天然纤维和人造纤维

图1　羊毛纤维的结构

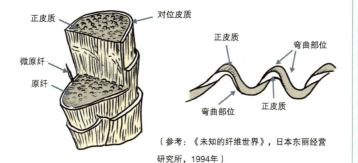

（参考：《未知的纤维世界》，日本东丽经营研究所，1994年）

图2　羊毛纤维毛毡化现象

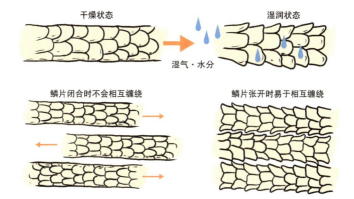

图3　羊毛制品经过蒸汽熨烫后褶皱消失

穿着后出现褶皱

蒸汽处理

007 高原山羊毛与兔毛在衣料中的使用[4, 7]

除羊毛以外的动物毛都被称为兽毛，也可用于制作衣料。这些兽毛的产量很少，大多数都价格不菲。由于这种原材料纤细脆弱，所以处理时需要格外小心。

● **开司米**

作为最高级的天然材料，开司米在世界范围内被广泛使用。距今约1000年前，用印度北部的克什米尔地区栖息的山羊胎毛制成的披肩等制品，通过丝绸之路被销往欧洲，这就是羊绒制品。人们习惯上用这种山羊的产地克什米尔来命名羊绒。除克什米尔地区以外，中国腹地、蒙古等山岳地带也生产这种羊绒。羊绒制品是一种柔软光滑、手感舒服、富有光泽、保暖性好的高级品。

● **马海毛（安哥拉山羊毛）**

原产自中亚高原的安哥拉山羊的毛，称为马海毛。安哥拉山羊主要产于土耳其、南非、北美等地。其中，土耳其产的马海毛为优质品。马海毛具有非常好的光泽，且表面光滑、易于染色洗涤、质量轻便。

● **安哥拉兔毛**

多数产于中国的安哥拉兔，其毛被称为安哥拉。安哥拉的触感光滑舒适，呈蓬松状，同等质量下其体积为羊毛的3倍，常用于制作开襟毛衫等。

这些兽毛纤维的表面几乎都没有鳞片，表面光滑，穿着过程中容易出现掉毛现象。

第3章 天然纤维和人造纤维

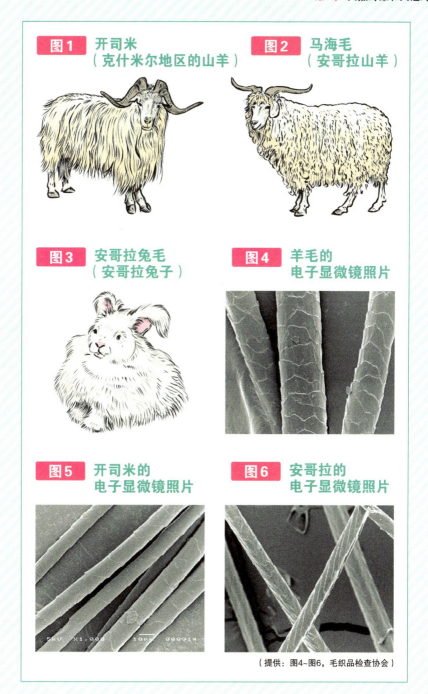

图1 开司米（克什米尔地区的山羊）

图2 马海毛（安哥拉山羊）

图3 安哥拉兔毛（安哥拉兔子）

图4 羊毛的电子显微镜照片

图5 开司米的电子显微镜照片

图6 安哥拉的电子显微镜照片

（提供：图4~图6，毛织品检查协会）

008 丝绸
——富有美丽光泽的蚕丝[4, 7, 9]

根据有关资料记载,中国在大约4500年前就开始了人工养蚕。为了满足西方商人对东方丝绸的需求,中国人开辟了"丝绸之路"。

● **丝线的诞生**

蚕是蚕蛾的幼虫。这种幼虫作茧后成蛹,在茧中等待羽化。将茧放入热水中,覆盖在纤维表面的丝胶蛋白将会软化、松解,之后即可取出生丝。从一个茧上可以得到重约0.4g、长约1000m的生丝。

● **丝绸的特征**

丝绸有着柔和的光泽与深沉的颜色,并且保温性良好。但是,丝绸怕水且不耐磨,在日照下容易发黄,十分脆弱。丝绸具有光泽的奥秘在于其断面的形状。蚕吐出的丝称为生丝,将生丝用碱洗过后,连接的部分(丝胶蛋白)就会发生溶解,分解成两根大致呈三角形的丝(丝蛋白)。丝的这种三角形断面会防止光的漫反射,并且被吸收至丝绸内部的光就如同通过棱镜一样,发生复杂的变化后返回表面,因此丝绸具有柔和的光泽。

丝绸可以染成鲜艳且有深度的颜色。丝绸成分中的丝蛋白是一种蛋白质,易于染色,可被多种染料着色。另外,因为染料可以渗入到纤维内部,所以可以将丝绸染成深色。这种丝蛋白具有优异的吸湿性。

图1 蚕（家蚕）、茧、生丝

（提供：蚕 金胜康介）

蚕（家蚕）

茧

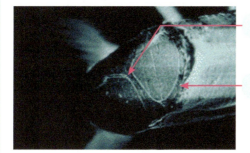

丝胶蛋白

丝蛋白

生丝的断面

图2 从茧中获取生丝

自动缫丝机

手工缫丝

（提供：群马县立日本缫丝故里）

009 麻栎林中美丽的野生丝绸[10]

蚕是由野生的天蚕蛾经由人工饲育后改良而得到的。天蚕蛾并不以桑叶为食，而是以麻栎林中的树叶为食。

蚕（家蚕）变形后为蛾，数千年持续的人工饲育导致蛾只能在饲养棚中走来走去，一生不会飞。

与此相反，野生的天蚕蛾被称为"天蚕"，一旦成虫就同家蚕有所区别，可以飞起来。天蚕吐出的"天蚕丝"与家蚕吐出的蚕丝相比有着美丽的绿色光泽，另外也更加强韧，不易褶皱，被称作"纤维的钻石"或者"纤维的女王"。

在距今约200年的天明年间（1781~1788年），长野县安云野市开始养殖天蚕，1879年（明治30年）左右是天蚕养殖的兴盛期。在安云野市的天蚕中心，通过播放视频、展示从前的器具及资料的方式，介绍市内200多年的天蚕养殖历史及天蚕的生存状态。现在，安云野市仍然使用麻栎等树木的嫩叶养殖天蚕，用地机对生丝进行缫丝，或采用手工缫丝的方式对䌷丝进行缫丝。

位于安云野市的天蚕中心

第3章 天然纤维和人造纤维

图1　天蚕的养殖

天蚕作茧

天蚕蛾

天蚕的茧与丝

产卵用的蝶笼

养殖天蚕，是先将卵贴到和纸上，并剪裁成一定的大小，给麻栎林中的麻栎树叶罩上防虫网后，用订书钉将和纸钉在上面。天蚕从卵中孵化出来后，反复蜕皮，经过5龄后可结茧，最后获得可被使用的茧。繁殖用的茧，可孵化出蛾，在蝶笼中雄性蛾和雌性蛾交尾后会产卵，卵再孵化出蚕，循环往返繁殖后代。

图2　天蚕制品

（提供：天蚕中心）

人造丝
——人类首次合成的纤维[11]

　　人造丝（rayon）是因光线（ray）而得名的化学纤维，是为了满足人们想要亲手创造出丝线的愿望而出现的。1884年法国的夏尔多纳成功地制造出了 硝化法人造丝，并在巴黎的世界博览会上展示而出名。但是硝化法人造丝极易燃烧，不适于制成布料。此后，1892年英国人又发明了一种 黏胶人造丝，并开始应用到工业当中。这就是化学纤维的起源。

　　人造丝的构成成分和棉、麻相同，都是纤维素。纤维素是由成千上万的葡萄糖分子构成的高分子（参照79页基础用语），是构成植物的骨架部分，在自然界中广泛存在。

　　人造丝是以木材纸浆为原材料，将纸浆中的天然纤维素用黏胶法再生成纤维状。这种方法是令纤维素和苛性钠（氢氧化钠）以及二硫化碳发生反应，并在碱性溶液中溶解，通过细小的金属喷头喷出后凝固（这种方法叫做湿法纺丝法），再利用化学反应将纤维素和二硫化碳分离，使纤维素呈现出纤维状。

　　由于人造丝和棉一样是由纤维素构成的，所以具有良好的吸湿性和吸汗性，而且能够染成有深度的色彩。但是和棉相比强度差，尤其是在受潮后强度更低，而且还有易出现皱褶、在洗涤之后容易缩水等缺点。

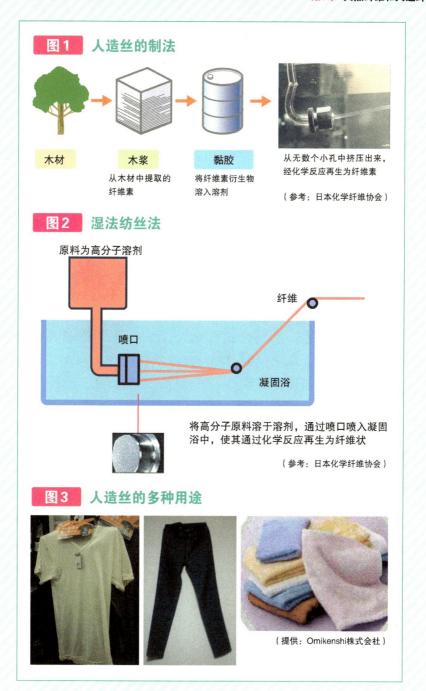

011 尼龙
——纤细、强韧且柔软的纤维[11]

1935年美国杜邦公司的卡罗斯发明了尼龙66。它不仅具有东方丝绸的美感，而且是一种比丝绸更强韧的合成纤维。1938年杜邦公司发表了一篇名为《用煤炭、空气、水制成的像蜘蛛丝一样细、像钢铁一样硬的合成纤维——尼龙》的文章。日本的东丽株式会社也自主研发了尼龙6，并于1951年投入生产，同年和杜邦公司以10亿日元许可费签订了尼龙66的技术合作合同，震惊了世界。

● **尼　龙**

在《日本家庭用品的品质表示法》的定义中，尼龙包含的种类有很多，芳香族聚酰胺纤维（参照70页）就是其中之一。经常使用的尼龙有尼龙66和尼龙6。尼龙66比尼龙6强度高、耐热性好。尼龙有少许的吸湿性、拉伸性和弯折性，耐磨性也比树脂更强，同时由于柔软且富有弹性，常用于生产袜子、泳衣、地毯等。

● **尼龙的制法**

尼龙是热塑性高分子（参照79页基础用语），加热尼龙树脂使其熔解，通过有很多细孔的喷口喷出，在空气中冷却，制成纤维。之后一边加热一边纵向拉伸数倍（这种方法叫做溶融纺丝法）。通过拉伸，使尼龙分子在长度方向上整齐地分布，成为高强度纤维。

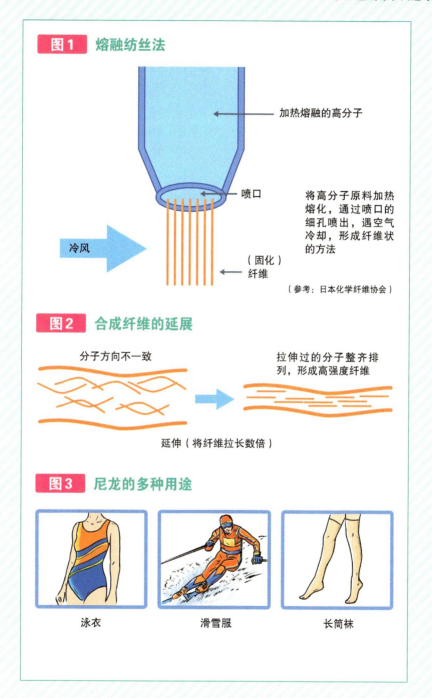

聚酯纤维——强度高且不易产生褶皱的强韧纤维[11]

如果说天然纤维的代表是棉花，那么化学纤维的代表就是聚酯纤维。1953年美国杜邦公司从英国Calico Printer's公司获得特许，首次将聚酯纤维投入工业生产。日本的帝人和东丽株式会社也分别从ICI公司引进技术，开始投入生产。

由于聚酯纤维具有优秀的性能，原料价格便宜，成本低，所以是世界上产量最多、普及范围最广的纤维。聚酯纤维的强度很高，即使在潮湿的情况下强度也基本不变，而且在合成纤维的过程中，耐热性也较高。另外，即使长时间受日光照射，聚酯纤维的强度也基本不变，是一种很结实的纤维。虽然聚酯纤维不具备吸湿性，但是它的**易洗免烫性**很好，即洗涤后不会缩水、易晾干，且没有褶皱、易熨烫。

● **聚酯纤维的制法**

聚酯纤维是从石油中提炼出聚酯高分子，然后像尼龙那样通过熔融纺丝法使其纤维化。

聚酯纤维被制成长纤维和短纤维（参照79页基础用语）两种，年产量基本相当。长纤维既可直接用于纺织品和编织品，也可根据产品要求来和其他的纤维组合加工成厚质地的纺织品和编织品。短纤维同其他种类的纤维一样具有一定的亲和性，可以将其和棉、羊毛等混合纺成丝线（称为混纺），生产出充分发挥各自所长的纺织品和编织品。

第3章 天然纤维和人造纤维

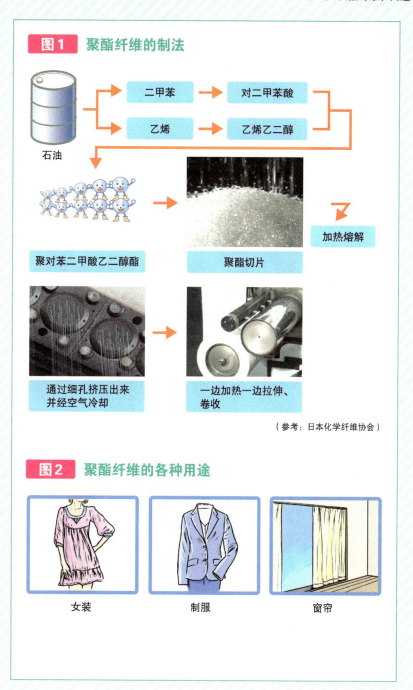

腈纶（丙烯酸纤维）
——松软保暖的纤维[11]

腈纶可以制成膨体纱，也可用于制作冬衣面料、毛毯等。若加热腈纶，它在熔化之前会随着热量增加而发生改变，故而不能像尼龙、聚酯等采用熔融纺丝法。因此，需要对"人造丝"一节中所提到的湿法纺丝法和干法纺丝法进行探讨。

最初人们因找不到合适溶剂而苦恼，直到1942年，德国的IG公司发现了无机盐和二甲醛可以作为合适的溶剂。同期，美国杜邦公司也发现了这种溶剂并着手试制了这种纤维。日本的很多公司引进了这种技术，并分别开始腈纶的自主生产。

在化学纤维中，腈纶与羊毛的性质最为相似，手感松软温暖，柔软轻便。由于这一性质，腈纶被广泛应用于毛衣、运动衫、毛毯、地毯等。此外，腈纶耐光照，也经常被用来制造窗帘和国旗。

● **腈纶的制作方法**

将丙烯酸树脂在溶剂中溶解，再对其采用湿法纺丝法或干法纺丝法进行纤维化。在日本，大多采用湿法纺丝法，不同的企业使用不同的溶剂。此外，单独使用丙烯酸高分子时无法染色，故而把能够和染料反应的化合物作为第二成分加入丙烯酸分子中，制成纤维。

第3章 天然纤维和人造纤维

图1 干法纺丝法

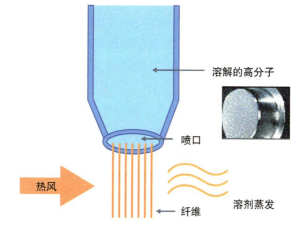

溶解的高分子
喷口
热风
纤维
溶剂蒸发

（引用：日本化学纤维协会）

图2 腈纶的各种用途

超细腈纶制成的轻薄保暖的内衣

超细腈纶

普通腈纶

布偶

毛毯

日本国旗
（腈纶耐日照，不变色）

65

聚氨酯纤维
——收身且有弹性的纤维[11]

聚氨酯常被用于贴身衣物或泳衣等弹性要求高的衣服中。聚氨酯高分子中存在软链段和硬链段，拉伸时软链段伸长，并具有优异的回弹性。

聚氨酯可以像橡胶一样拉伸后恢复形变，但比橡胶强度高，能够形成细丝。聚氨酯可被染色，而且与橡胶相比不易损坏。但是和普通纤维相比强度较差，故而不能单独用来生产衣物，常与其他纤维混合使用。

采用圆形编织和经编时，可在棉或尼龙中直接加入聚氨酯纤维。常用这种方法生产弹性良好的衣服。在尼龙和聚酯的经编组织中加入聚氨酯形成一种新的组织，这种组织在纬向和经向上弹性均良好，被称为**双向特里科组织**。这种编织常用于泳衣和连体衣。在棉和人造丝的圆形编织物中的天竺组织中加入聚氨酯可形成"双天"，用于T恤衫。

● **聚氨酯复合纱**

以拉伸状态的聚氨酯纤维为芯纱，用其他种类的纤维将其包裹，可直接用于纺织物和编织物中，如女式长筒袜、弹力裤以及美观舒适的夹克衫等。

第3章 天然纤维和人造纤维

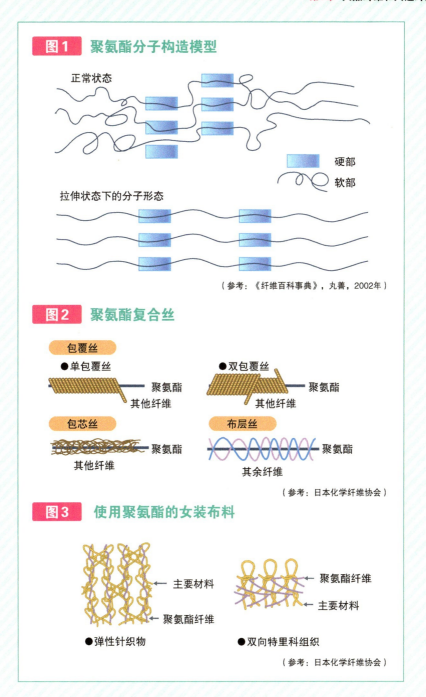

聚乳酸纤维
——环境友好型纤维[11]

在微生物分泌的生物酶作用下能够分解的纤维，叫做<u>生物分解性纤维</u>。其中，<u>聚乳酸纤维</u>是工业化生物分解性纤维中最具代表性的。

聚乳酸纤维以玉米、甜菜、甘蔗等为原料制作而成。利用这些原料得到乳酸，通过乳酸的聚合形成聚乳酸。聚乳酸加热熔解形成纤维状的丝（熔融纺丝法），用以制作聚乳酸纤维。

聚乳酸的熔点大约为170℃，其强度几乎与聚氨酯相同。将使用后的聚乳酸埋入土壤中，使其在土壤中微生物的作用下分解。土壤或水中的聚乳酸根据所处环境不同略有差异，但是都可以在1年左右开始分解，2~3年后发生形状破坏。活性污泥中含有大量能够分解有机物的细菌，在这种污泥中，聚乳酸2~3个月就能够开始分解，在土壤中分解的最终产物是二氧化碳和水。由于原料中的玉米在生长过程中吸收二氧化碳，所以碳元素的总量没有变化，即呈现"碳中性"。因此这种纤维得到了广泛关注。

聚乳酸纤维和棉等混纺后可以用于衬衫等衣物的制作。除此之外，因聚乳酸纤维具有可降解性，常被制作成农业薄膜、土木工程中的植被薄膜以及防草布等。

聚乳酸纤维与聚氨酯、尼龙相比，耐热性较差，不易染色，所以熨烫衣服时需要采用低温模式，并加垫布。

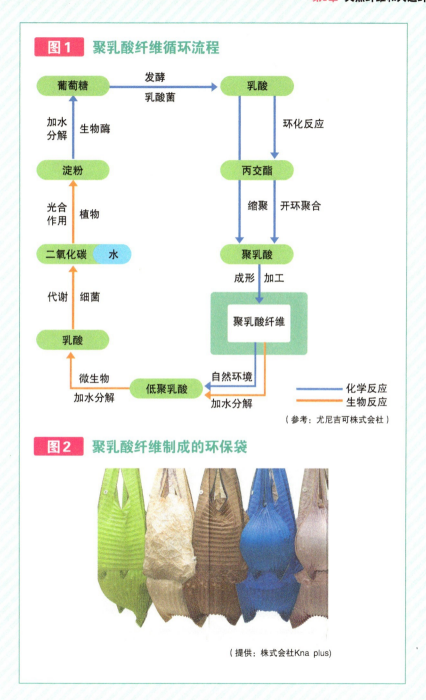

016 强度媲美钢铁的芳香族聚酰胺纤维[11]

近年来,人们开发出了一种以新型高分子为原料的高强度高弹性纤维。其中最具代表性的是芳香族聚酰胺纤维。

● **对位型芳香族聚酯纤维**

芳香族聚酰胺纤维是尼龙的一种,与普通尼龙不同,其原料含有大量龟壳型坚硬的苯环,这种苯环是以酰胺键结合的高分子。根据分子结构的不同,芳香族聚酰胺纤维又分为对位芳纶纤维和间位芳纶纤维,其中对位芳纶纤维具有高强度、高弹性的特性。

美国杜邦公司的凯芙拉(商标名)是对位芳纶纤维领域的先驱者。对位芳纶纤维是刚性聚合物的一种,像棍棒一样坚硬。只需调整这种高分子的分子方向,使之一致,就可使其成为具有高强度、高弹性的超级纤维。

在相同纤度(参照7页)情况下,对位芳纶纤维的拉伸强度(沿长度方向拉断纤维时的应力)是钢铁的8倍、玻璃纤维的3倍。而它的密度只有钢铁的五分之一。

对位芳纶纤维常用在土木建材、绳缆、传送带、胶皮管以及轮胎当中,用以提高橡胶材料的强度,也常用于防弹衣和防割手套等防护材料中。另外,对于信息化社会所不可或缺的光纤来说,对位芳纶纤维是支撑它的关键材料。以芳香族聚酰胺为芯,以环氧树脂加固得到的芳香族聚酰胺棍棒能够代替混凝土中的钢筋,广泛应用于对无磁性、绝缘、不锈等方面要求严格的建筑物中。

图1 对位芳纶纤维的应用实例

吊索

防护手套

安全带

混凝土防滑薄膜

（出处：东丽、杜邦、帝人TECHNO）

图2 芳香族聚酰胺棒

广泛应用在无磁性、不导电、持久性强、强化缆绳等领域

017 超级纤维的最新应用[11]

高强度、高弹性纤维除了对位芳纶纤维之外还有PBO纤维、聚芳酯纤维、超高相对分子质量聚乙烯（高强度聚乙烯）纤维。

PBO纤维是聚对苯撑苯并双噁唑纤维的简称，拉伸强度大约是高强度尼龙的5倍。另外，它还有很强的耐热性，热分解温度为650℃，而且很难燃烧，所以可以说它是超级纤维中的王者。

聚芳酯纤维和聚酯纤维属于同一种类，但聚芳酯纤维结构中有更多的苯环连接结构。这种纤维具有强度高、不易变形、耐磨性好、不易断裂、吸收冲击性能好等特点。下面举个使用聚芳酯纤维的典型例子。在北海道，为了防止北海狮袭击鱼群而使用了由这种纤维制作的防护网，连海狮都无法咬断。另外，由于这种纤维不含任何水分，由这种纤维制成的巨大袋子现在在进行海上输送淡水的可行性验证。

前面所说的两种纤维是将刚性聚合物（参照70页）纤维化得到的，所以具有高强度。与之相反，高强聚乙烯是采用特殊工艺将聚乙烯这种柔软的高分子材料制成的高强度纤维，它具有强度高、密度低的特性。利用聚乙烯树脂（相对分子质量是普通聚乙烯所用树脂的数百倍）作为原料，再用特殊的方法将其拉长数十倍，就能制成高强度纤维。

第3章 天然纤维和人造纤维

图1 阻挡北海狮的防护网

（提供：Kuraray）

图2 水上运输

用镀有聚氨酯树脂膜的聚芳酯纤维布料制成的运水袋（宽10m、长44m、厚4m）
（提供：Kuraray）

图3 超高相对分子质量聚乙烯纤维制成的轮船栓绳

（提供：东洋纺织）

73

018 耐热阻燃纤维[11]

● **间位芳纶纤维**

为了能够舒适安全地生活,耐热、阻燃材料是必不可少的。其中具有代表性的就有间位芳纶纤维。正如第016节说的那样,在对位芳纶纤维中,苯环是对位结合(苯环沿对角线方向结合),而在间位芳纶纤维中苯环之间是间位结合。普通的阻燃合成纤维有丙烯基和阻燃聚酯等,但无论是哪一种,其耐热性均和普通材料一样。

间位芳纶纤维除了具有普通合成纤维的特性外,还具有阻燃性和良好的耐热性。因此,间位芳纶纤维常被用于消防员或警察用的救助服、消防服、袋滤器、干燥机用的帆布以及OA吸尘器,还有绝缘材料等一般工业性材料中。

● **其他高耐热性纤维**

前面说的PBO纤维也是一种高耐热性纤维。另外,聚酰亚胺(PI)纤维、聚苯硫醚(PPS)纤维也具有高耐热性。其中,PI纤维的耐热性尤其突出(500℃以上才开始碳化,260℃以下机械性能不发生变化)。PPS纤维具有很强的抗酸碱性(即使是在150~190℃的高温下也有很强的抗化学腐蚀性),而且在高温高压下仍能保持很好的强度。因此,它常被用于过滤器(特别是袋滤器)中。

第3章 天然纤维和人造纤维

图1　芳香族聚酰胺纤维的结构式

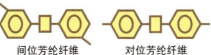

间位芳纶纤维　　　对位芳纶纤维

图2　耐热纤维的各种用途

消防服

扬声器的减震装置

（参考：帝国纤维）

图3　城市垃圾焚烧炉的袋滤器

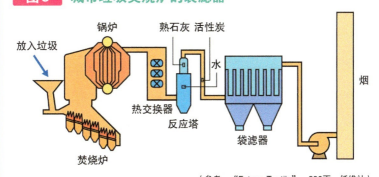

（参考："Future Textile"，390页，纤维社）

019 应用于航空航天领域的碳纤维[12, 13]

大发明家托马斯·爱迪生在1879年，为了寻找白炽灯泡的灯丝材料，将木棉和竹子烧制成碳纤维，这可以说是碳纤维的起源。1957~1958年，美国首次制成碳纤维。1959年，大阪工业研究所博士进藤昭男发明了聚丙烯腈（PAN）基碳纤维，此后日本企业逐步投入生产PAN基碳纤维，持续至今。

碳纤维分为两大类：一类是通过烧制丙烯酸纤维制成的PAN基碳纤维，一类是以沥青（石油和煤蒸馏后的产物）为原料制成的沥青基碳纤维。

PAN基碳纤维是将原料丙烯酸纤维置入预氧化炉中加热后，再在碳化炉中进行碳化处理，随后再进行石墨化处理得到的。最后还会进行上浆卷取，以便后续加工使用。

丙烯酸纤维非常适合作为生产碳纤维的原料，主要原因是丙烯酸纤维在预氧化过程中会形成环形结构，它非常有利于石墨化过程中碳晶体结构的形成（图1）。日本企业在PAN基碳纤维的制造领域处于世界领先地位。

碳纤维具有低密度，高性能（高强度、高模量），不易燃，耐热性、导电性、耐腐蚀性优异，不生锈等优良特性。碳纤维与环氧树脂等复合而成的碳纤维复合材料广泛应用于高尔夫球杆、鱼竿、帆船、跑车等领域，近年来也被用作飞机的结构材料。

第3章 天然纤维和人造纤维

图1 PAN基碳纤维的制造流程

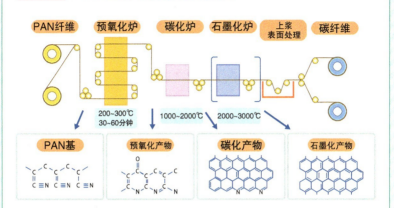

首先制备聚丙烯腈纤维,然后在高温下使其预氧化、碳化后,制成碳纤维。制备高弹性纤维时,需要石墨化处理。最后进行上浆(浆纱)处理,以便完成纺织等工序。

(参考:碳纤维协会)

图2 以PAN基碳纤维为主要材料的波音787

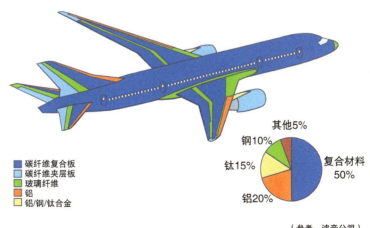

(参考:波音公司)

专栏

向动植物学习的仿生技术

  2000年的悉尼奥运会上出现了鲨鱼皮泳衣,因身穿鲨鱼皮泳衣的参赛选手相继刷新世界纪录而使鲨鱼皮泳衣一举成名。鲨鱼皮肤表面上小的V字形褶皱可以提高其游进速度,人们由此得到启发,在编织紧密的布料上沿水流方向制作小沟槽,再在布料表面加工一些鱼鳞状的防水印花,从而制成了鲨鱼皮泳衣。随后,在2004年的雅典奥运会上又出现了另外一种新型泳衣,它是将翠鸟羽毛织成微小的突起,借此来减小水的阻力[14]。像这样模仿动植物活动机理的技术,叫做仿生技术。

  目前,在仿生技术中,防藻防贝技术最受关注。养殖用的网经常会因为藻类、贝类等的附着而堵住网眼。如果有了防藻防贝功能,保养维护会轻松很多。鱼的体表为什么没有藻类附着呢?据说鱼的体表可以分泌出使微生物和寄生虫等难以附着的体表黏液。或许在不久的将来就能开发出模仿鱼体表的防藻防贝技术。

基础用语

单分子和高分子：将水和乙醇那样由数千或数万个单分子相连接组成的分子叫做高分子。高分子也称为聚合物，单分子也称单体。例如，棉纤维是由成千上万个葡萄糖单分子聚集而成的高分子纤维素构成的。

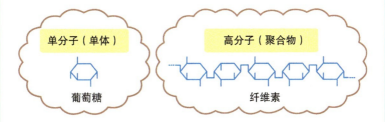

热塑性高分子：加热可熔化成液体、冷却可凝聚成固体的高分子，并且可以反复进行加热熔解和冷却凝固过程。

长纤维：也称连续纤维，即如丝般连续、长度较长的纤维。

短纤维：也称切段纤维，如棉和羊毛般长度较短的纤维。

专栏

纤维的横截面及其效果

天然纤维有各自的固定横截面形状。丝绸在去除丝胶蛋白后横截面大致为三角形。此外，化学纤维是人造物质，所以可以被制成各种形状。特别是用熔融纺丝法制备合成纤维时，从一般的喷口中挤压出的纤维截面为圆形，而通过改变纺丝喷口的形状等条件，可以得到具有各种各样截面形状的纤维。

例如，用Y形喷口制备纤维，可以得到三角形截面的纤维。三角形截面的纤维具有丝绸般素雅的光泽。改变纤维截面的形状，其手感和光泽等也会随之改变。

用聚酯制备樱花花瓣形状的纤维时，花瓣裂口部分由另外一种成分组成，制成纺织物后再将裂口部分的成分溶解掉，非常花费功夫。使用这种纤维制成的纺织物常用于制作日式服装，同丝绸制品一样，用手揉搓时纤维之间会因摩擦而发出声音（丝绸摩擦声）。

图1 天然纤维的横截面形状

棉　　　羊毛　　　丝绸

（提供：日本化学纤维协会）

图3 樱花花瓣形状的聚酯纤维

（提供：东丽）

图2 三角形截面的聚酯纤维

（提供：日本化学纤维协会）

第4章

纤维与色彩

衣服是穿着于身、最贴近我们的人造物品。
染制的颜色与巧妙的色彩搭配，让我们的日常着装更加丰富多彩。
也就是说，色彩鲜艳的纤维制品为我们带来了美感。
本章将会介绍纤维的染色及色彩。

高松塚古坟壁画 西壁女子群像
（引用：文化厅 摘录）

色彩学

001 颜色的定义

纤维制品的特征之一就是它可以被染成各种各样的颜色。

颜色究竟是如何被定义的呢？《广辞苑》中解释为：视觉之中，光波中光谱组成的差异所带来的、人们能够区分的视觉现象。人们不仅根据光的波长，通常也会根据色相、彩度以及明度这三要素来定义颜色[1]。

进一步来讲，颜色一般是由光、物体、人三者相互作用产生的。而且光有不同波长，其中波长为380~780nm（可视范围）的光的颜色能够被我们看见。可视范围内波长连续的光被称为光谱，可以在自然界的彩虹中看到这些颜色。可见光照射到物体上后，根据物体的光学特性被选择性吸收。但这并不意味着特定波长的光就会被100%吸收，而是波长不同，吸收量也不同。有些波长的光被吸收得多，有些波长的光被吸收得少。人眼接收的是不能被吸收而被反射的光，转换为红、蓝、绿的刺激量后，以电信号的形式传递到大脑。信号在大脑中经过处理后，人类就感受到了颜色。

换言之，是我们人为地用大脑定义了颜色的概念，并且在大脑中与记忆连动，通过颜色和形状唤起印象和情感，这种情感的变化使人们产生感动。

第4章 纤维与色彩

图1 光的波长与颜色

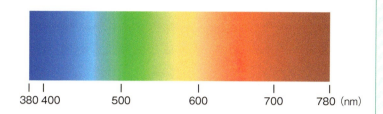

图2 彩　虹

图3 人类感知的途径

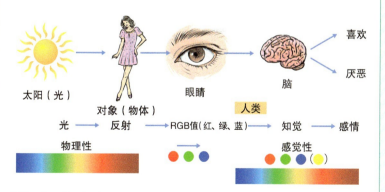

未被吸收而被反射的光被人眼所接收，转换为红、绿、蓝的刺激量后，以电信号的形式传递至大脑，在脑中进行复杂的处理后，以颜色的形式被人感知

色彩学
002 颜色的命名

　　颜色有很多不同名称——色名。色名是我们为了表达是什么颜色而使用的。色名有惯用色名、系统色名和传统色名几种。其中，**惯用色名**是我们日常生活中使用的颜色名称，如玫瑰色、赤色、肉色、群青色、雪青色、鼠灰色等。

　　系统色名是基于色彩的感知方式来进行的系统的命名。日本工业标准（JIS）系统地规定了颜色的名字。并且在JIS中也规范了惯用色名、系统色名以及英语表记名与孟塞尔颜色系统的对应关系[2]。

　　与此相对，古代流传下来的某些颜色叫做**传统色**，其色名被称为**传统色名**。在日本流传至今的传统色名有数百个，如朱鹮色、茜红色、亚麻色、洒落柿色、浅葱色、利休灰色等。这些传统颜色与其色名蕴含着很多有趣的历史背景，也蕴含着古人与自然的关系及对美的感受[3]。

　　颜色随时间的流逝会有一定的变化。由于不知道现在的颜色是否和当初着色命名时一样，所以需要调查当时的染色配方及条件，来再现当时的颜色，以此来考察颜色随时间变化的倾向，确认传统色究竟是什么颜色。即便如此，仍然有些传统颜色很难确认与色名是否一致。例如，对于江户紫和京都紫究竟有何分别，依然众说纷纭。

　　另外在传统色名中，蓝色和茜红色等也经常会被当成惯用色名使用。

第4章 纤维与色彩

图1　惯用色名与颜色

玫瑰色	桃红色	赤色	肉色
茶色	土黄色	黄色	莺色
抹茶色	绿色	水色	青色
群青色	雪青色	紫色	鼠灰色

表1　JIS规定的色名示例

惯用色名	对应的系统色名	缩略符号	色相	明度	彩度
玫瑰色	艳 红	vv-R	1R	5	13
赤 色	艳 红	vv-R	5R	4	14
茶 色	暗灰黄红	dg-O	5YR	3.5	4
黄 色	艳 黄	vv-Y	5Y	8	14
抹茶色	浅黄绿	sf-YG	2GY	7.5	4
水 色	浅绿蓝	pl-gB	6B	8	4
群青色	深紫黑	dp-pB	7.5PB	3.5	11
紫 色	艳 紫	vv-P	7.5P	5	12

图2　代表性的传统色

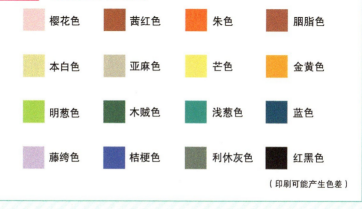

樱花色	茜红色	朱色	胭脂色
本白色	亚麻色	芒色	金黄色
明葱色	木贼色	浅葱色	蓝色
藤绔色	桔梗色	利休灰色	红黑色

（印刷可能产生色差）

色彩学
测 色

　　测色，即测量颜色。近年来，颜色测量方法由原来的人眼直接目测逐步发展为机器测量。

　　人眼所能感受到的可见光波长范围是380~780nm，如果这些光能够测量，颜色也就能测量了。

　　机器测色应用的就是这个原理。一般纤维相关产业使用的是分光光度计（测色机），即将纤维样品放在测定窗口，通过可见光的反射率来测定颜色。取波长为横坐标，反射率为纵坐标，每隔10nm或20nm从分光光度计上读取反射率，并将对应的读数标在坐标纸上，所有的点连成的曲线叫做反射率曲线，根据曲线形状可以知道大致的颜色。另外，为了更加简单明了地了解被测物的颜色，一般通过数学公式将其转换成色调、明度、彩度来表示。

　　纤维相关产业经常通过测色方式，来检测染色质量以及颜色是否符合要求。在纤维生产和质量检查时，人工目测检查往往会出现因人而异的结果，即使是同一个人，测量时间以及心理状态等都会对结果判断产生影响。然而利用测色机，测得的颜色不受观测者及观测时间的影响，只要是同一种颜色，都会得到相同的结果。这就是测色机的优点。

图1 利用分光光度计来测色

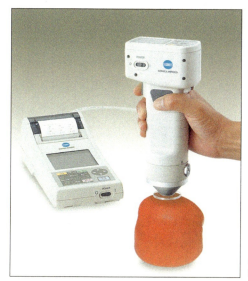

（出处：柯尼卡美能达影像株式会社）

图2 红色、绿色、蓝色的反射率曲线

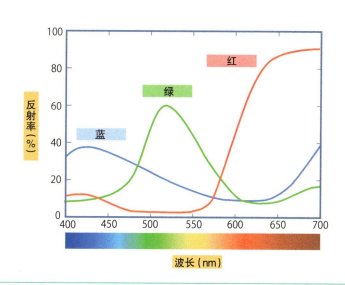

色彩学
004 颜色的表示方法

　　颜色是决定纤维产品价值的重要因素。尤其在染色的时候，确认其是否与设计的颜色相吻合、染色是否均匀，是十分必要的。在判断这种色差时，人工测量方法会带来很大的随机性，所以业界常使用测色机，并用具体数值来表示测量结果。

　　为了用数值来表示颜色，人们曾经提出过很多不同的建议。其中具有代表性的有国际照明委员会CIE(International Commission on Illumination)提出的L*a*b*色彩空间（简称CIELAB），JIS也采用这种表示方法。CIELAB色彩空间由3个维度构成，其中，维度L*表示亮度、a*表示红到绿的程度、b*表示黄到蓝的程度，根据这些数值就可以确定颜色了。

　　色差程度也是评估纤维产品颜色的一个重要因素，CIELAB色彩空间是一种均等色彩空间，如果两组颜色的色差相同，在色彩空间中分别测定两组中两点之间的距离也会得到相同的数值，把色彩空间中的距离称为色差值ΔE，利用ΔE来判断色差的程度。

　　用测色机测色法计算出色差值，通过比较数值来客观地判断颜色的吻合程度。所以用测色机可以避免依靠人眼判断产生的误差，具有人工判断所不具备的优点。现在人们正在研究能够进一步提高色差测量精度的方法。

图1　CIELAB色彩空间模式图

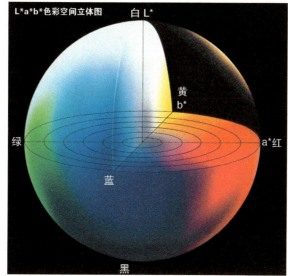

（出处：柯尼卡美能达影像株式会社）

图2　色差的概念模式图

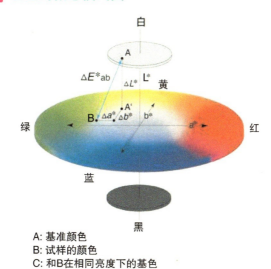

A: 基准颜色
B: 试样的颜色
C: 和B在相同亮度下的基色

（出处：柯尼卡美能达影像株式会社）

色彩学
季节与颜色

一年有春、夏、秋、冬四个季节。

我们身边有各种各样的人工着色物品，对于纤维纺织品而言，由于它们多用在服装领域，需要随季节变化。在日本，初夏和秋天都会换新衣，从春到夏，长袖变短袖，由夏至秋，短袖变长袖，到了冬天，就要换上厚外套等防寒服装。

换季的时候，不单要考虑长袖短袖、穿不穿外套等，还要考虑改变服装的颜色。通常，夏季人们偏爱浅色，冬季人们则多会选择深色。

不同的人对于季节和颜色有着不同的感受，且国家和文化的差异，也会导致人们对季节和颜色有不同的认识。例如，日本人多把樱花的粉红色看做春天的颜色，而有些国家则把新叶发芽的颜色或彩色粉笔的五彩色看做春天的颜色。日本人多数把蓝色系的颜色看做夏天的颜色，欧洲人多数会认为黄色系的颜色是夏天的颜色。各国对于秋天的颜色感知差异较小，多认为是茶色。冬天则是没有任何颜色。

各个地区气候景观不同，有的地区可能没有四季之说。日本可以说是一个四季分明的国家。下一节将结合日本人本身的审美观以及对代表季节的颜色的使用等，介绍"套装的色彩搭配"。

图1 不同国家对季节颜色的认知差异

春

	🇯🇵 日本				🇪🇸 西班牙				🇰🇷 韩国			
rank	tone	hue	(%)	sample	tone	hue	(%)	sample	tone	hue	(%)	sample
1	Pl	2	92.86		p	12	81.08		b	8	93.33	
2	p	2	88.10		p	10	62.16		b	10	93.33	
3	Pl	1	88.10		p	14	62.16		V	8	90.00	
4	lt	24	85.71		ltg	10	60.00		lt	8	90.00	
5	Pl	5	85.71		p	6	58.97		Pl	1	86.67	
6	FL	2	78.57		lt	2	57.89		lt	6	83.33	
7	lt	2	76.19		sf	14	57.89		lt	10	83.33	
8	b	2	74.42		Pl	2	56.76		V	7	80.00	
9	Pl	6	74.42		b	24	56.41		p	2	80.00	
10	Pl	7	73.81		Pl	9	56.41		p	8	80.00	

夏

	🇯🇵 日本				🇪🇸 西班牙				🇰🇷 韩国			
rank	tone	hue	(%)	sample	tone	hue	(%)	sample	tone	hue	(%)	sample
1	V	18	88.10		v	8	89.47		V	18	100.00	
2	b	18	83.33		v	7	83.78		V	17	96.67	
3	lt	16	79.09		v	6	81.08		lt	18	93.33	
4	b	16	78.57		v	9	74.36		b	16	90.00	
5	v	17	78.57		b	4	73.68		V	15	86.67	
6	dp	12	73.81		v	5	72.91		b	18	86.67	
7	v	12	69.05		lt	8	71.79		lt	16	80.00	
8	v	8	66.67		v	17	71.25		b	14	70.00	
9	v	16	66.67		b	6	70.27		sf	16	70.00	
10	p	16	64.29		b	8	70.27		V	16	66.67	

秋

	🇯🇵 日本				🇪🇸 西班牙				🇰🇷 韩国			
rank	tone	hue	(%)	sample	tone	hue	(%)	sample	tone	hue	(%)	sample
1	dp	6	90.48		dp	4	81.08		dk	4	93.33	
2	d	2	90.48		g	10	80.00		BR	4	93.33	
3	dp	4	85.71		BR	3	79.49		d	4	90.00	
4	d	10	85.71		BR	4	74.36		BR	2	90.00	
5	dk	6	85.71		dk	8	71.79		BR	3	90.00	
6	d	4	85.71		FL	6	71.05		dk	6	80.00	
7	dk	4	83.33		d	6	71.05		d	2	80.00	
8	BR	3	83.33		dk	2	71.05		d	6	80.00	
9	FL	6	80.95		dk	4	70.00		d	8	80.00	
10	d	6	76.19		dp	6	69.23		FL	6	80.00	

冬

	🇯🇵 日本				🇪🇸 西班牙				🇰🇷 韩国			
rank	tone	hue	(%)	sample	tone	hue	(%)	sample	tone	hue	(%)	sample
1	Gy	6.0	76.19		Gy	3.5	78.95		dkg	18	86.67	
2	dk	16	76.19		dkg	20	75.00		Gy	2.5	86.67	
3	Gy	8.5	76.19		dkg	18	75.00		g	18	80.00	
4	p	20	73.81		Gy	2.5	72.50		dkg	8	80.00	
5	Gy	8.0	71.43		Gy	4.0	71.79		dkg	20	80.00	
6	3.5	71.43		Gy	2.0	71.05		Gy	5	80.00		
7	Gy	4.0	69.05		Bk		70.00		Gy	3.5	80.00	
8	sf	18	67.44		g	18	70.00		Gy	3	80.00	
9	N		66.67		dkg	8	70.00		N	6	80.00	
10	Gy	7.5	66.67		dk	18	69.23		N	7	80.00	

50名20~25岁受访者心中的四季代表颜色TOP10

（印刷可能产生色差）

色彩学
古代套装的色彩搭配

古代套装的色彩搭配是指衣服等物品的多种颜色之间的相互配合。平安时代的贵族女官装束,如十二单(女官的一种礼服),是多件丝衣层层套穿。衣服的颜色搭配可以反映大自然,让人享受四季的乐趣。

古代宫廷里的女官们真的能展示出这种色彩美吗?她们能够理解这种美吗?也许只是一种感官上的偏好吧。

在古代套装中有穿两件或者更多层的重叠穿法。颜色的搭配方法包括不同色系的深浅对比以及同色系的深浅搭配两种形式,并交叉使用。平安时代贵族们的色彩搭配,作为**套装配色方法**沿用至今。

套装的色彩搭配本质上是反映季节的配色方法。下面有一些例子。

春:梅重 若草 红踯躅

夏:杜若 菖蒲 瞿麦

秋:桔梗 红叶 菊重

冬:虎耳草 冰重 枯野

四季:松重 青丹

如上所示,古代套装可以通过色彩的搭配反映出自然的四季更迭,这是日本人独特的审美意识。

在人们和自然日益疏远的当今社会,大家不妨尝试一下展现自然魅力的色彩搭配。

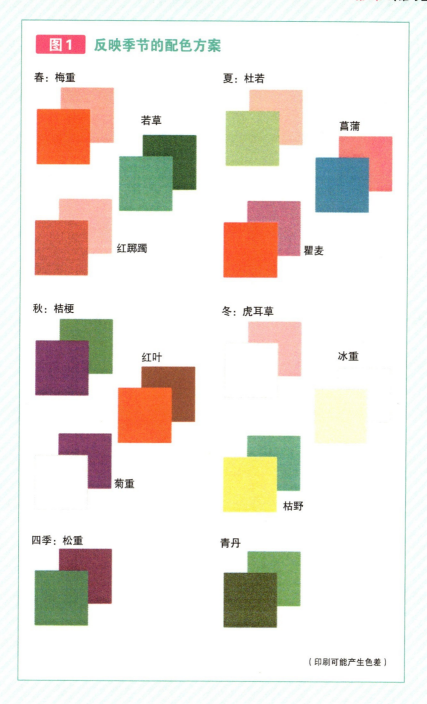

色彩学
色彩带来的印象与效果

色彩能够让我们产生许多不同的感受。例如，我们会因为颜色不同而感到温暖或者寒冷。让人感到温暖的颜色是<u>暖色系</u>，包括从黄色系到红色系的鲜艳颜色，其中橙色最具代表性。相反，让人感到寒冷的颜色则被称为冷色系，蓝色系就属于<u>冷色系</u>，其中淡蓝色最具代表性。但是，即使是让人感到温暖的橙色系，也会因为明亮度的降低而使得温暖的感觉慢慢变弱，进而感到寒冷。

另外，通过颜色我们会联想到很多不同的事物。看到白色，我们会想到纸、雪、婚纱等纯洁或空白的事物。看到红色，除了苹果、番茄、草莓等食物外，我们还会想到血液、消防车，另外，它还会让人联想到爱情、愤怒、危险等。看到黄色和黑色相间的条纹，估计不少人会想到"阪神老虎棒球队"的队旗（图2）。

颜色会带来一些错觉。例如，即使是相同面积，也会因为颜色不同而感觉偏大或者偏小。对于空间布局来说，白色被叫做膨胀色，因为它会让事物看起来比实际的大。另外，有时会觉得本来没有颜色的地方有颜色。比如，黑色正方形周围白线交叉的地方看起来好像是灰色（图3）。还有，即使正中间是同一种颜色，由于背景颜色的影响，也会让人觉得它们不是同一种颜色（对比效应）（图4）。

通过这些可以证明，我们大脑中的记忆与学习和颜色之间有一种连锁关系。

第4章 纤维与色彩

染 布
008 染色的发展史

早在5000年前，约公元前3000年，人类就已经学会了染色。

在那之后，我们的祖先发现了拥有更好染色效果的植物等天然染料，并利用这些天然染料给布染上了丰富多彩的颜色。天然染料不同，染色方法也不相同，先来介绍一下普通的染色方法。首先，煮制茜草等天然染料作为染液，备好明矾溶液后，将要染的布反复浸泡在这两种溶液中，布的颜色随之慢慢变深，最后，将染好的布晾干。

除植物染色以外，还有一种染色方法是骨螺染色法，它染出的"推罗紫"被认为是最昂贵的颜色。骨螺染色法是指骨螺腺体分泌的一种液体在阳光下氧化后，将其印染到布料上的染色方法。由于需要大量的骨螺，所以从古至今"推罗紫"都被当做贵重的颜色而被珍藏。英语中的"royal purple"直译过来就是"国王紫"。

即使是在现代仍然还存在植物染色，用植物染料印染的布有独特的质感和魅力。在我们身边，红茶和洋葱的皮就可以用来染色。

蜡染、绞缬（扎染）、夹缬（镂空印花）并称为三大印花技艺，并一直沿用至今。这些方法利用蜡、扎花、夹板等使部分布料不被染液印染，与被染色部分形成对比，制作出花样。

第4章 纤维与色彩

图1 植物染色的工作现场

（提供：紫noyukari 染司yoshioka）

图2 古代遗留下来的骨螺染色

在空气中氧化慢慢变成紫色

（提供：手工染坊）

图3 古代蜡染（羊木蜡染屏风）

（出自：日本邮局 趣味邮票周刊）

97

009 染布
展现色彩的染料

首次人工合成的染料，是在1856年的英国，由威廉·帕金（William Henry Perkin）合成的"苯胺紫"（mauve）。这种苯胺紫由苯胺经化学反应制成，是在人工合成疗效显著的奎宁时偶然获得的。由于当时紫色的天然染料价格昂贵，所以帕金的事业取得了巨大的成功，并且为从石油和煤炭中提取人工合成染料的化学研究奠定了基础。

此后，各种各样的染料得以合成，染料合成产业从英国传播到德国等欧洲地区，现在已在世界范围广泛进行合成和生产。

现今销售的纤维产品半数以上都是使用人工合成染料进行染色的。但是，一种染料并不能为所有种类的纤维染色。根据纤维和染料的组合（纤维和染料结合的紧密度），大多颜色不能着色，或者虽然可以着色，但由于洗涤和日晒，色彩发生变化而无法投入到实际应用当中，所以每种纤维都必须使用与其相适合的染料。在一种新型化学纤维诞生的同时，也会随之开发出可以为之染色的染料，这就是合成染料的历史。因此，根据与纤维的兼容性和结合特性可将染料分为直接染料、活性染料、酸性染料、阳离子染料、还原染料、分散染料等。例如，活性染料适用于棉料，酸性染料适用于羊毛，分散染料适用于聚酯纤维等，它们根据相互间的兼容特性常常配套组合使用。

第4章 纤维与色彩

图1 世界上首次人工合成的染料——苯胺紫

（提供：英国利兹大学色彩化学系）

图2 染料的色样

（提供：住友化学工业）

表1 纤维和染料的组合及兼容性

	直接染料	活性染料	酸性染料	阳离子染料	还原染料	分散染料
棉、麻	◎	◎			◎	
羊毛、丝绸	○	◎	◎	△	△	
人造丝	◎	◎			◎	
聚酯纤维				△		◎
尼龙	△	○	◎		△	○
丙烯腈系纤维			△	◎	△	○

◎：染色效果较好　　○：染色效果一般　　△：染色效果较差

染 布
染色的色彩搭配

纤维制品经过染色等可呈现各种各样的颜色。实际上在染色时，一旦设定目标颜色，就会进行这种颜色的调制，这就是**色彩调和**。但是，调制出目标颜色也并不是一件简单的事情。不同比例和浓度的混合染料，展现出的色彩有很大的差异。为了一次性染色成功，一般需要30min到1h的浸染，随后为了除去剩余的染料和药品需要进行水洗等后续处理。

在色彩调合过程中，首先需要进行寻找调制目标颜色配方（对应纤维和纺织物的染料质量比例）的**试染作业**，不能直接用染色机进行大规模作业，而应该在染色容器中进行100~500mL小量多数染色试验，最终确定目标颜色的配方，然后根据此配方用染色机器进行染色。

染色时，色彩由纤维与染料的比例决定。因此不论量具大小，只要配方相同，染色时的温度等条件一定，一般都会染制成相同的颜色。

色彩调和有时也会使用计算机。这种方法称为计算机配色（CCM），是由测定颜色的比色机和负责计算的计算机组成的联动系统。

另外，与CCM联动以实现自动调和染色剂的联动装置系统，也已经被应用到生产中。

第4章 纤维与色彩

图1 色彩调合工序实例

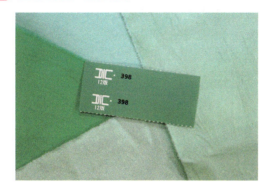

图2 CCM

（提供：仓敷纺织）

图3 自动调色装置

（提供：仓敷纺织）

染 布
纤维制品染色

　　染色方法大致分为两种：一种是将整块布浸入染液，一次性染成相同颜色的浸染工艺；另一种是像印刷一样将各部分染成不同颜色的印染工艺。

　　在浸染工艺中，主要是将布匹浸入染液中，加热一定时间后，布匹即可上色。但是，如上所述，纤维与染料的不同组合会产生各种各样的染色方法和条件。例如，利用反应染料对棉进行染色时，不同类型的染料对应不同的染色温度和时间，温度的变化范围为40~80℃，时间范围则是30min到1h。另外，染料中也会添加一些辅助材料，如芒硝（硫酸钠）和苏打灰（无水碳酸钠）。

　　印染时，首先将染液和糨糊混合制成色浆。然后，将布平铺展开，印上色浆，晾干，再用蒸汽蒸，即可上色。印染过程中，色浆是非常重要的，且必须保持适度的黏性。另外，印染时，也会使用平网、圆网和辊筒等工具。印染和浸染一样，不同组合的纤维和染料需要不同的染色方法和条件，需要选择与纤维性质相符合的色浆、添加剂并控制蒸染过程中的温度和时间。

　　近年来，随着数字设备的发展，可以通过喷墨式打印机，用加入染料的墨水，将计算机中的纹样直接打印到布料上。这种方法可以说是更加精密、更加快速，而且是环境负担更小的染色技术。

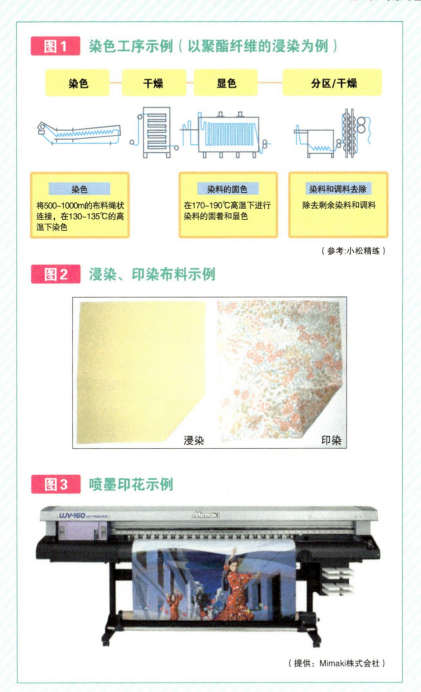

染 布
在布料上绘画的友禅印染

　　友禅印染，是在布料上进行绘画的印染方法。相传这种染色方法首创于距今200年前江户时代中期的元禄时代，出自京都扇面画画师宫崎友禅斋之手，因此被叫做京友禅并广为流传。

　　友禅印染这种染色方法，简单来说，会给人一种直接在布料上绘画的感觉。但是，若单纯在布料上绘画的话，图案就会晕开且不清晰。因此，为了防止混色，在图案的边界处放置糨糊，只在被围起来的那部分用笔嵌入颜色，这种方法叫做置胶染色法。友禅印染的工序包括糊状防染剂的放置等多重工序。因为像手工绘图一样，这种传统方法也被称为"手绘友禅"[4]。

　　另外，在大约100年前，为了替代耗费大量时间的糊状防染剂插色工序，人们开始使用印花纸版来简化糊状防染剂的放置工序，可以短时高效地进行"纸版友禅"的生产和制造。现在，合成染料的颜色愈发鲜艳，染色也更加浓烈了。随着这些染料的普及，置胶染色法开始借鉴以前型染中只对去除型纸部分染色的手法，将合成染料和防染糨糊混合，刷在去除型纸的部分。

　　表现日本之美的友禅印染，以传统手法为基础，与时俱进地改良其表现方法与技术，至今仍被传承。

　　友禅印染，除了京友禅之外，还有如加贺友禅、东京友禅、名古屋友禅等具有地方特色的友禅印染制品。

图1 友禅印染的制造工程

（提供：加贺友禅染色团地）

染 布
纤维产品颜色强度

衣服等纤维产品在穿着过程中，经长时间的日照、洗涤、汗渍、摩擦、废气污染等因素影响，容易褪色或者变色。

染色坚牢度是指染色后的产品颜色能够保持多久，也就是颜色的持久程度。染色坚牢度高意味着不易变色。

染色坚牢度大致有三种：根据色彩变化的特征，原始的纤维产品上色后的褪变色程度称为**褪变染色坚牢度**；洗涤时，颜色向白色纤维产品的转移程度称为**污染染色坚牢度**；因光照而产生的颜色褪变程度称为**日光染色坚牢度**。除此之外，根据测试方法和退变色原因的不同，也会用到洗涤染色坚牢度、汗渍染色坚牢度、升华染色坚牢度等。

在进行染色坚牢度评估时，如进行褪变染色坚牢度评估，常运用JIS制定的测试方法，将原始布料和颜色变化后的布料（试验布）进行对比，并将颜色的变化和灰度标尺相比较，用眼睛观察颜色变化到相同的程度，用此时的灰度标尺等级评估染色坚牢度。褪变色灰度标尺中，从5级到1级共有9个等级。其中，5级是指颜色没有变化，1级是指颜色变化最大。评估结果可具体表示为"3级"或者"1~2级"的形式[5]。

污染染色坚牢度是在洗涤原布料的时候，颜料脱落并污染其他白色衣物的程度。在污染用灰度标尺中，从5级到1级共有9个等级。其中，白色衣物没有变化的是5级，白色衣物被极大污染的是1级。

图1 褪变染色坚牢度评估实例

图2 灰度标尺与等级模式图

污染用灰度标尺

| 5 | 4~5 | 4 | 3~4 | 3 | 3~2 | 2 | 2~1 | 1 |

| 5 | 4~5 | 4 | 3~4 | 3 | 3~2 | 2 | 2~1 | 1 |

褪变色用灰度标尺

图3 污染染色坚牢度评估实例

色彩与时尚
色彩与时尚——流行色

我们身边使用的颜色有时可盛行一时，大部分人将这种正在流行的颜色称为**流行色**。

有人说，流行色可以表现出时代的一面，与这个时代的社会经济和生活方式息息相关。让我们来看一下流行色与时代的关系。例如，20世纪60年代初期，时尚界的色彩运动中出现了冰激凌色调，同时受嬉皮派的影响，幻觉色彩和花纹开始流行；20世纪70年代，面对公害问题天然色又流行起来；进入20世纪80年代，像"乌鸦族"这种无彩色的单色流行起来。除此之外，还有很多其他的流行色，而这些流行色在不断地交替流行（图1）[6]。

实际上流行色是由国际流行色委员会（International Commission for Color）提出的。在日本由日本流行色协会负责。国际流行色委员会从2009年开始提出流行色，之后又渐渐对会员公布流行色（图2）。

纤维相关产业中，策划、生产、销售是由不同的公司独立完成的，要经过各种交涉和多种程序才能将最终产品送到消费者手中。因此从最初的策划到最后送到消费者手中要花费一定时间，对生产和销售的评估变得十分重要。为了解决这一问题，经常要对流行色进行预测和提议。

第4章 纤维与色彩

图1 时代流行色的实例

			20世纪60年代初期	冰激凌色调
			20世纪60年代	幻觉颜色
			20世纪70年代	天然颜色
			20世纪80年代初期	单色调
			20世纪80年代后期	生态颜色

（印刷可能产生色差）

图2 发布流行色信息的杂志

《流行色》JAFCA发行

[出处：《流行色》2009年冬号（左），2010年春号（右）]

109

色彩与时尚
时尚的定义

　　时尚是指短时间内广为流传的东西，如果把时尚和纤维联系到一起的话，就要谈一谈我们身边的流行服装了。

　　时尚起源于15世纪欧洲的文艺复兴时期，主要指上流社会流行的服装打扮。在当代，时尚也被赋予了高档品的形象。19世纪中期，有了时尚设计这一说法，并出现了专业时尚设计师，随后越来越多的时尚设计师开始在巴黎、伦敦、米兰、纽约等国际时尚发源地展示自己的新作品，并诞生了很多由设计师设计的时尚品牌。日本作为时尚的发源地之一，也在进行各种各样的尝试。

　　说起时尚，除了高端时尚，还包括很多其他种类的时尚。最近，快速时尚也成了世界主流之一。快速时尚采用的是针对流行趋势进行的短期计划、生产和销售的手法，其中一些企业的销售达到了世界规模。由于时尚以及追求时尚的消费者思想意识的变化，纤维产品开发生产销售的分割模式转变为制造兼零售（SPA）生产销售一体化的模式，还有可能会引起与纤维相关的周边产业的变化。

第4章 纤维与色彩

图1　东京日本时装周

（引自：Japan Fashion Week Organization）

图2　日本纤维相关企业及产业情况

典型流通结构的比较

日本	美国	欧洲
原纱、纺织 纱商 捻纱 染纱、理线 织布 布商 服装 服装批发 零售	纺织织布 布匹加工批发商 服装 （多为大型服装 企业直接销售） 零售	纺织织布 布匹加工批发商 展销会 服装 展销会 零售

（引用：《日本纤维企业为何变得如此之弱》，伊丹敬之，NTT出版）

专栏

街头时尚与亚文化

　　日本的街头时尚不仅在国内,在世界范围内也备受关注。街头时尚不是专业时尚设计师的作品,也不是著名时尚品牌的产品,或者让人感受不到它出自专业设计师和时尚品牌,而是自由搭配出的年轻人服饰,因具有独特的风格而流行。街头时尚盛行于东京的原宿、表参道、涉谷、代官山、银座等地,以及大阪神户的心斋桥、梅田和三宫等地。

　　不同地域具有不同的特征风格,随着时间的推移,不同地区的特征逐渐融合,差异也越来越小,或者变得更具有本土特征。特征明显的时尚,有时根据外观分类起名为御姐系、少女系、休闲系等,有时也会根据地域命名为原宿系、涉谷系等。

　　另外,服装人物模仿秀也开始受到人们的关注。所谓的模仿秀是指喜欢并模仿漫画人物或电脑游戏人物的服装风格,进行角色扮演。模仿秀作为一种风潮席卷全球,世界各地都会举办模仿秀大赛。

　　随着日本漫画和电脑游戏质量的提升以及爱好者的支持,产生了"酷日本"这种说法。目前这些被称为日本亚文化的街头时尚以及模仿秀在世界范围内广泛流传,国外也开始出版传播日本时尚的杂志,这些都很有可能变成巨大的商机。

第 5 章

纤维的功用

不仅仅是衣服,就连家里的被褥、窗帘、地毯等家庭日用品,甚至农业、渔业、工业等都离不开纤维。
环保问题今后将会越来越受到重视。
在本章,我们将为您介绍纤维在环保等方面的广泛应用。

(提供:东洋纺织)

生活中的纤维①
房间的装饰品——窗帘[1]

不同的窗帘能够营造出不一样的氛围。孩子们的房间适合图案活泼的印花窗帘，起居室则适合素雅的褶皱窗幔。窗帘通常按照布料进行分类。

● **窗帘质地的分类和面料**

褶皱窗幔：质地厚实、遮光，隔音效果显著，有质感。另外，它还具有很好的隔热功能，冬暖夏凉，能够减少冷暖气设备的使用，节省能源。布料有的是素色，有的则利用纤维结构制作一些图案。

印花窗帘：是在比较平直的布料上印上色彩、图案。其图案的表现手法自由而大胆，是最时髦的窗帘。

蕾丝窗帘：是一种用蕾丝纺织机纺织的、可透光的窗帘，通常与窗幔一起使用。

半透窗帘：介于窗幔和蕾丝之间的一种窗帘。乍一看像是蕾丝，但是所用的线要比蕾丝粗，而且制作比较粗糙。半透窗帘既具有蕾丝的轻盈和透光性，又保持了窗幔的厚实感。布料看起来很像蕾丝，但比蕾丝质感厚实。纺成纱的同时兼具适度的透光性和遮光性。

遮阳窗帘：经常被用在宾馆等场合的遮阳窗帘用黑线制成芯部或里子，用内侧贴有树脂和铝膜的普通窗幔做表层。

第5章 纤维的功用

图1 窗帘的分类

褶皱窗幔

印花窗帘

蕾丝窗帘

半透窗帘

遮阳窗帘

（提供：Kawashima Selkon Textiles Co., Ltd.）

002 生活中的纤维② 房间的保暖设备——地毯[2]

地毯在保证温暖的同时也会吸收声音使房间保持安静。通常，按照制作方法将地毯进行分类。其中历史最久的是手工栽绒地毯。

手工栽绒地毯：是历史上最早的手工地毯，将绒线打成结，系在底布的一根根经线上，切和织同时进行。精巧的手工技艺，精细的图案，使地毯成为一件艺术品。

威尔顿地毯：18世纪中期出现在英国威尔顿市的机制地毯的统称。19世纪，人们用提花织布机，将两到五种不同颜色的绒线织成风格自由的彩色地毯。威尔顿地毯结构紧密，无脱毛现象，是持久耐用的高档品。

绒头地毯：像刺绣一样，用穿有绒线的针扎簇绒机上的底布来栽绒（簇绒工艺）。在此阶段，绒毛只是扎进了底布背面，为了防止它从背面被拉出来，使用粘贴工艺在背面涂上黏着剂（胶乳等），再在上面贴黄麻纤维等衬里。美国人发明了一种方法，可以让绒头地毯的生产效率达到传统方法的30倍，适合大批量生产。

针刺地毯：是用针刺纤维薄膜制成的毛毡型地毯，价格低廉。

第5章 纤维的功用

图1　手工栽绒地毯

（提供：东洋地毯）

图2　威尔顿地毯的结构

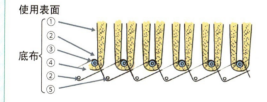

① 绒毛
② 紧固丝
③ 纬纱
④ 底经纱
⑤ 底纬纱

（参考：日本地毯工业组合）

图3　簇绒工序

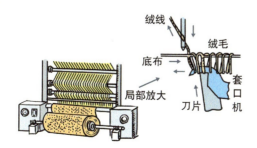

切割绒毛的时候，用刀片切扣眼

（参考：日本地毯工业组合）

日常生活与纤维③
促进睡眠的被褥[3,4]

　　寝具会使人心情平静安宁。疲惫的时候，只要躺在床上就会安静地放松下来。一般来说，健康的身体和良好的睡眠环境有助于舒适的睡眠。影响卧室环境的因素有温度、湿度、光（照明）、安静度、色彩、气味等。睡眠时被褥和身体之间的环境温度维持在33℃左右，湿度维持在50%左右时，比较容易获得舒适的睡眠。其次，盖被时没有压迫感，易于翻身，也有助于睡眠。

　　施加到床垫上的人体质量分布如图1所示，为了保持正确的睡姿，避免身体局部凹陷，我们需要具有一定弹性和硬度，并且能够稳定支撑身体便于翻身的床垫。鉴于床垫上的体重分布，人们正在研发能够分散压力的调压床垫。这种床垫的结构是由能够分散体压的上层部分，以及可进一步分散体压保持睡姿的底部立体部分组合而成。

　　被褥棉芯中的纤维通常使用质量轻的羽毛、聚酯纤维和棉等，而生产床垫时会使用难以塌陷变形的羊毛和棉、聚酯纤维等。也会使用由羊毛包裹的硬质聚酯纤维来制造被褥。

　　为了减轻棉被的质量有时也会采用中空纤维。近年来，出现了水洗床垫，这种床垫的填充棉使用的是特殊的不易塌陷变形的聚酯纤维，并且可以水洗。

第5章 纤维的功用

图1 正确睡姿和人体质量分布（假设体重为70kg）

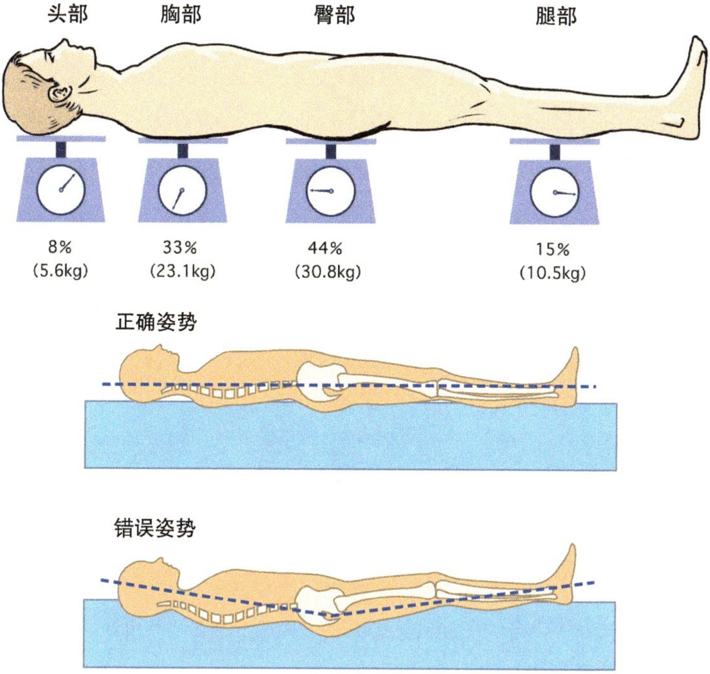

头部	胸部	臀部	腿部
8%(5.6kg)	33%(23.1kg)	44%(30.8kg)	15%(10.5kg)

正确姿势

错误姿势

（提供：日本睡眠科学研究所）

图2 普通床垫和调压床垫的体重压力分布比较

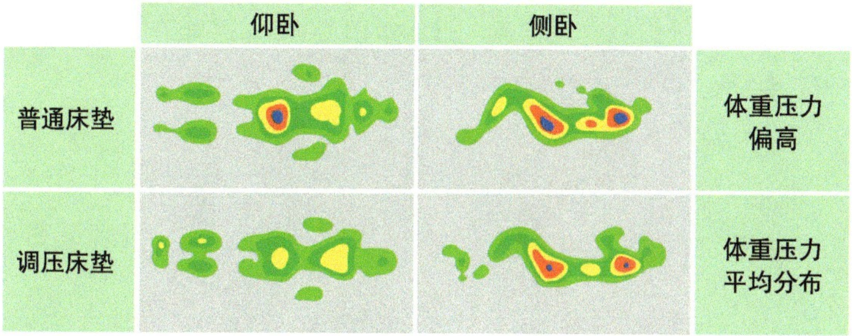

	仰卧	侧卧	
普通床垫			体重压力偏高
调压床垫			体重压力平均分布

蓝色部分表示受到体重压力分布较高的部位，绿色和黄色较多表示体重压力均匀分布

（提供：日本睡眠科学研究所）

日常生活与纤维④
轻便保暖的毛毯[5]

如今我们所使用的机织毛毯,是在1337年由英国托马斯·布兰科特创建的纺织厂制造的。日本在1885年(明治18年)从海外引进"红毛毯"之后开始生产毛毯。

毛毯根据其制造方法,可分为机织毯、迈耶毛毯、簇绒毯等。

● **机织毯**

机织毯是通过在经纱之间交织纬纱而成的。编织好的毛毯要经过染色工序,然后用起毛机进行起毛处理,使其表面因富有绒毛而触感温暖。起毛机通过在布料上植入大量的针并卷成圆筒状的辊针来起绒。毛毯在通过辊针时,较粗的纬线经过针的挑刮可以起绒。

起毛结束后,还要进行抽褶工艺。在抽褶工艺中,像割草机那样将绒毛割成一定的长度,防止起球的同时,还可使颜色、图案更加鲜明。然后进行最后一道工序——锁花边工序,这样机织毯就诞生了。

● **迈耶毛毯**

迈耶毛毯是由迈耶针织机编织而成。迈耶毛毯的绒毛竖长而浓密,触感舒适。迈耶毛毯大多采用聚丙烯纤维,有时也会使用棉纤维。与机织布不同,在采用聚丙烯纤维时,可以使用超细纤维使其具有温暖舒服的手感。

图1 迈耶毛毯的生产工艺

① 整经

整理并卷绕用于织成基布的纱线

② 针织

用迈耶针织机在两张基布上编织绒线。两张基布重叠形成的双层结构就是布匹

中心切割

在编织好的布匹的正中间切割

③ 印染

染色或印刷

④ 特殊加工

绒线处理：在辊针布上将绒线拆成纤维状
抛光机：　绒线高温打磨，使其富有光泽和质感
褶皱处理：将多余的毛剪掉，完工

⑤ 黏合

没有起绒的一面作为内侧，将基布和基布黏合，达到两面起毛的状态。

（提供：森弥毛机）

005 提高汽车安全性能的纤维① 安全气囊[1]

● **正副驾驶位的安全气囊**

汽车正副驾驶位的安全气囊，被称为前座安全带辅助约束系统（SRS）气囊系统，必须与安全带一同使用。也就是说，当发生正面撞击时，传感器感知到前方传来的冲击超过一定量（以25km/h的车速撞击厚实的混凝土时的冲击力）以上时，系统就会启动，气囊会瞬间充气，缓和乘员头部与胸部撞击到方向盘和仪表框时所受到的冲击。同时，为了降低气囊急速膨胀所造成的伤害，人们正在研究更好的气囊折叠方法。

正驾驶位的安全气囊置于方向盘内，副驾驶位的安全气囊则置于仪表框内。安全气囊在感知到撞击后，大约只需要0.2s，就可以完成从膨胀到收缩的一系列动作。

● **安全气囊使用的纤维**

安全气囊使用的纤维是尼龙66。将硅酮树脂粘在尼龙纤维制成的致密布料上，使布料具有不透气性，再将两张这样的圆形布缝成袋状就是安全气囊（也有不使用树脂、具有不透气性的纺织物）。为了能够使气囊与乘员接触时排出气体，在上面开了很多排气孔。

● **侧边气囊等**

侧边气囊和气帘等是被用来保护身体其他部位的。

第5章 纤维的功用

图1　SRS安全气囊的弹出

（提供：丰田汽车）

图2　各种安全气囊

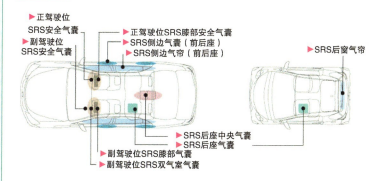

▶正驾驶位SRS安全气囊
▶副驾驶位SRS安全气囊
▶正驾驶位SRS膝部安全气囊
▶SRS侧边气囊（前后座）
▶SRS侧边气帘（前后座）
▶SRS后窗气帘
▶SRS后座中央气囊
▶SRS后座气囊
▶副驾驶位SRS膝部气囊
▶副驾驶位SRS双气室气囊

SRS侧边气囊及SRS气帘

（提供：丰田汽车）

123

006 提高汽车安全性能的纤维②
支撑车轮的轮胎帘子线[7]

轮胎是由橡胶制成的，为了提高橡胶的强度，将被称为轮胎帘子线的编织物添加在轮胎里和橡胶黏合在一起。轿车中使用的子午线轮胎的结构如图1所示。

图中的体层部位，使用的是强度高的聚酯纤维（轮胎帘子线）。在制造过程中，如果轮胎帘子线处于散放状态则会带来不便，因此以这些线为经纱、以棉线为纬纱织成帘状布料（轮胎帘子线布）后使用。因为这部分的丝线是沿半径方向卷曲的，所以被称为子午线轮胎。这种轮胎很结实，即使是在高速情况下也能稳定行驶。另外，包带使用的是高强钢或芳香族聚酰胺。为避免在高速行驶中产生离心力造成轮面凸起，安装了冠带层，冠带层使用的是高强度高弹性的尼龙66。

● 泄气保用轮胎

近年来，人们开发出了一种在爆胎情况下也能暂时继续行驶的泄气保用轮胎。这种轮胎有侧方辅助强化型和中子型。侧方辅助强化型轮胎，是一种在侧方加入大量橡胶进行加厚的轮胎，即使爆胎后内压降为0，侧部的重量也足以支撑车辆继续行驶。这种轮胎的轮胎帘子线触地面积较大，在行驶过程中温度会升高，因此应使用耐热性能好的人造纤维。

第5章 纤维的功用

图1 轿车用子午线轮胎的截面图

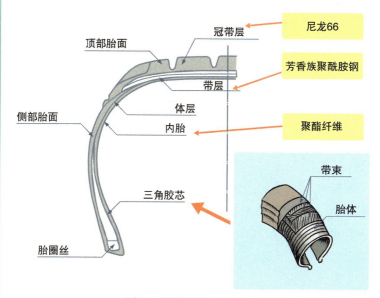

（参考：《未来的汽车和纺织品》，川崎清人，纤维社，2004年）

图2 泄气保用轮胎

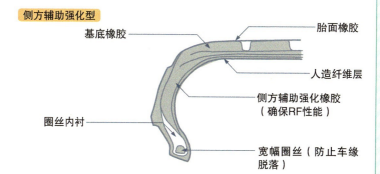

（参考：《未来的汽车和纺织品》，川崎清人，纤维社，2004年）

125

007 通信业的支柱——有机光纤[8]

光通信行业的支柱纤维有石英光纤和有机光纤。

下面介绍光纤输送光的原理。光纤由双层结构构成，内层为输送光的核心部分，外层为包覆部分。由于两部分的折射率不同，光以某一个角度入射到两层之间时，根据入射角不同可能会发生全反射或者部分折射。这时只有发生全反射的光才能被限制在核心部分，从而在光纤中传播。

一般来说，有机光纤的代表性材料是以聚甲基丙烯酸甲酯（PMMA）作为母材的纤维。但是在实际应用中，与石英光纤相比，有机光纤光的输送损失较大。但是这种光纤价格低廉、容易加工、铺设简单，常被用在短距离通信、家电产品内部零件上等。

另外，石英光纤还应用于远距离的信息传输，如大陆之间的海底电缆以及国内的主要通信干线，同时也应用于面向家庭的光通信。

● **刚性支撑材料**

由于石英光纤容易弯折，所以为了防止大角度的弯折，在把光纤连接到干线上的时候，为了避免张力直接作用在光纤上，常用对位芳香族聚酰胺纤维进行保护。这种保护材料是一种刚性支撑材料，有时也使用纤维材料。

第5章 纤维的功用

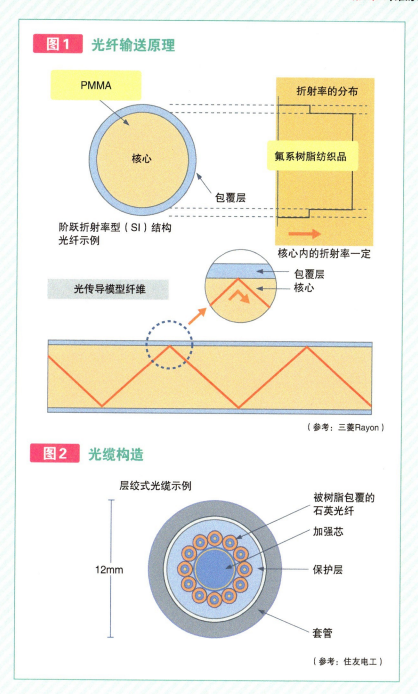

IT时代的支柱纤维
——硬盘砂布[9]

硬盘驱动器（HDD 记忆媒体）是计算机外部记忆的主流装置，它的结构如图1所示。硬盘本身是由非磁性材料制成的，其中心部分在驱动器的驱动下运转。在圆盘的两面涂上磁性薄膜，用来存储信息。近几年，随着HDD的大容量化，对圆盘表面加工的精密度以及细致的收尾工作的要求更加严格。但是，对于日趋精细化的圆盘来说，磁头一旦停止工作，吸附在圆盘表面的水分和润滑剂就会导致磁头吸附到圆盘上，因此，为避免这一问题，同时也要考虑到磁性薄膜沿圆周方向的磁性各向异性，通常要在圆盘表面加工出与圆周呈同心圆的细微凹凸结构。

● **HDD的纹理加工**

进行HDD的纹理加工时，采用将金刚石微粒构成的研磨颗粒分散到液体中制成的加工液，或者在聚酯布上涂抹研磨颗粒制成的砂布。加工时用砂布或者研磨液在圆盘表面加工出沟壑，之后经加工形成磁性薄膜，这样就加工出了大容量的硬盘。这种砂布是由超细聚酯纤维织成的纺织布，经纱使用的是高强度聚酯纤维，纬纱使用的是超细加工丝。将超细加工丝加工到表面，可以提高研磨液的持久力。

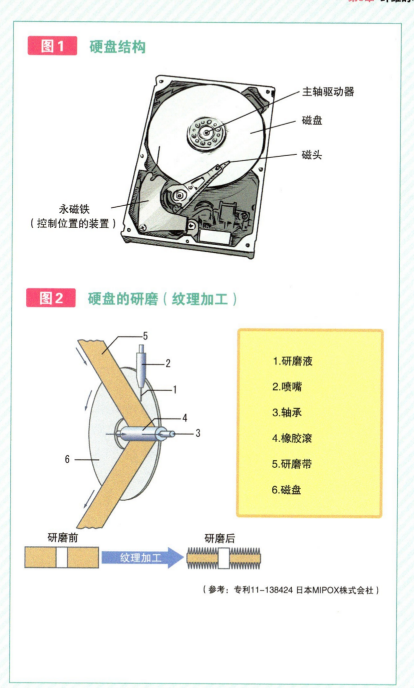

009 环境友好型纤维①
无公害栽培使用的寒冷纱[10]

寒冷纱过去是指针孔织缝粗大且质地薄的棉布或麻布，夏季主要用来遮光遮热，冬季主要用来防寒防霜。现在的寒冷纱除了可以遮光遮热以外，还有防治虫害的作用。根据不同的使用目的，寒冷纱可以选择不同形态和种类的纤维制作。

寒冷纱在遮光方面最重要的特征是对于所有波长光的遮蔽性都是均等的。与之相比，塑料薄膜或者玻璃等对光的波长具有选择性，不利于农作物的生长发育。

夏季种植观花植物和观叶植物时，如果紫外线过量，花和叶会硬化，植物的颜色也会变差；如果红外线相对过量，植物会疯长并且变软。这种情况下，寒冷纱制成的遮光膜就有了用武之地。同时寒冷纱还有降低膜下气温、叶温和地温的作用。为了防止干燥，促进发芽生根，寒冷纱遮光膜也用于夏季蔬菜育苗等方面。

将维尼纶、聚酯、丙烯腈系纤维制成薄款平纹纺织物，再将树脂涂抹到平纹纺织物上，就得到寒冷纱。现阶段使用最多的是维尼纶。寒冷纱的遮光率是由丝的色相、粗细度、编织密度共同决定的，遮光率的范围为8%~85%。因此，对于不同种类的农作物以及不同的栽培时期要使用不同的寒冷纱。

近年来，人们越来越追求无公害栽培，农药零使用和高度除虫的重要性也就越发凸显出来，而孔径小于0.4mm的寒冷纱恰好可以满足这一需求。日本在制造这种高密度的薄型纺织物方面的技术很发达。

图1 寒冷纱使用实例

（提供：可乐丽株式会社）

图2 维尼纶纤维制品（左）和聚乙烯树脂制品（右）的织缝放大图

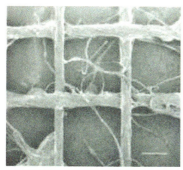

预计纤维细毛具有防虫效果

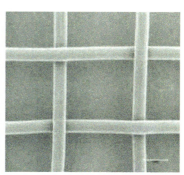

（提供：可乐丽株式会社）

表1 防虫用寒冷纱的一般孔径大小

	体长	孔径	种类
金龟子	5~10mm	4mm	单丝
椿　象	约5mm	2~4mm	单丝
蚜　虫	1~2mm	0.9mm	单丝、纺丝
蓟　马	0.8~1.2mm	0.9mm	单丝、纺丝

010 环境友好型纤维② 净化水质纤维

● **多种中空纤维膜在水处理中的应用**[11]

自来水管道中水的净化多由中空纤维膜水处理装置完成。中空纤维膜以聚乙烯、聚砜等为原料，其中心部分是中空结构，侧面有很多小孔（也有无孔型的），这种小孔可以过滤掉杂质。

孔径为0.1μm的中空纤维膜可以过滤掉病原性原虫的隐孢子，家用净水器中也会使用中空纤维膜。

● **超细纤维制成的微型过滤器**[12]

对超细纤维进行特殊加工后可以得到高性能的滤布，这种滤布制成的净化系统被用于过滤湖泊中绿藻等微生物，这种微型过滤器可以过滤掉水中直径5μm以上的微粒子，并能长期使用。其原理是，处理纺织物表面的超细纤维使之成为立毛纤维，过滤时立毛纤维倒下，这样就会在表面形成一层致密的过滤层，发挥高性能过滤器的作用。过滤器可以通过内部喷水，轻松地剥离并回收立毛纤维上的块状聚集物，同时倒下的立毛纤维又回到初始状态。这个方法保证了微型过滤器可以连续循环使用。

● **使用微生物载体纤维的污水净化系统**[13]

将微生物吸附到聚酯等纤维合成物上，再将该合成物投到硝化槽中，纤维内部微小空间内存在的高浓度微生物可加快硝化反应，分解氨气和尿素等氮化物，净化水质。

图1 采用超细纤维制成的过滤系统

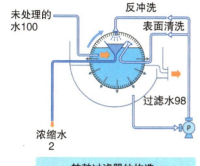
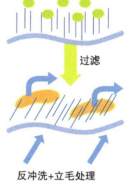

转鼓过滤器的构造

反冲洗+立毛处理

图2 微生物载体聚酯

纤维载体　　　　　电子显微图像

（提供：龙尼吉卡株式会社）

图3 微生物载体纤维的水净化系统[13]

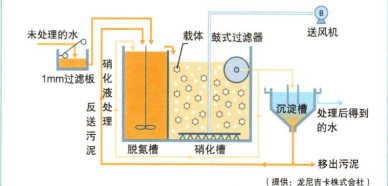

（提供：龙尼吉卡株式会社）

环境友好型纤维③
大气净化纤维[14]

大气处理包括工厂和焚烧厂的排气净化以及家庭内部的空气净化两方面。

● 滤　袋

工厂和焚烧厂排放废气的同时也带出一些粉尘。为了除去粉尘，经常使用滤袋，通过振动和高压气体，定期清除滤袋表面堆积的粉尘，以保证过滤工作的持续进行。由于焚烧炉的温度很高，过去一直采用金属滤袋。近年来，为了防止二噁英的生成，工作温度降到200℃左右。对位芳香族聚酰胺纤维、PPS纤维、PI纤维、含氟纤维、玻璃纤维等各类纤维，都能在200℃下长期保持良好的耐热性和抗化学腐蚀性（特别是抗酸性），故而被广泛应用于滤袋的制作中。

● 空气过滤器

家用空气过滤器经常使用的是聚丙烯纤维、聚酯纤维、尼龙纤维等无纺布。为了除去微小粒子，可将纤维密织，以缩小间隙。除此之外，还有一种方法叫驻极体处理，它运用静电来有效地捕获微小粒子。

驻极体处理是将难导电的高分子材料加热熔融，再通直流高压电，使材料在电极之间被固化后，去掉电极，与电极接触的一面会带正电荷或者负电荷，而且这种分极（正电荷与负电荷分离的状态）现象几乎可以永久性地保持。

第5章 纤维的功用

图1 滤袋

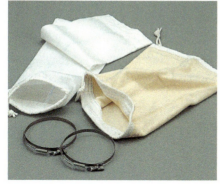

（提供：下关包装株式会社）

图2 驻极体处理

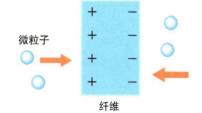

微粒子

纤维

纤维半永久性带电，可以吸附微粒子

图3 驻极体处理纤维的粉尘附着状态

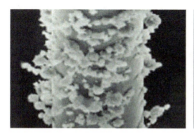
驻极体处理纤维

普通纤维

（提供：东丽）

135

012 用于医院护理的安全卫生纤维[15]

在医疗护理中使用的纤维制品包括绷带、纱布、手术服、护士服和病号服。以治疗为目的的物品，其规格和标准在日本《药事法》中有明确规定，但是对于治疗目的以外的产品，与普通的家庭用纤维制品一样没有明确规定。尽管如此，由于使用目的的不同，有时也会对这些制品的吸水性、皮肤刺激性有所要求。

除此之外，直接与人体相关的纤维制品有人造血管、缝合线、人工透析机等。人造血管常采用聚四氟乙烯纤维和聚酯纤维。不能被人体吸收的缝合线在伤口痊愈后需要拆下，一般采用丝线、尼龙、聚酯等，而能被人体吸收的缝合线一般采用肠线、甲壳质等。

● 人工透析机

图2所示是人工透析机的回路和用中空纤维膜制成的血液透析机制示意图。肾功能衰退时，需要将血液导出体外，经透析处理后再送回到体内。这种透析方法是典型的人工透析法。人工透析机采用了铜氨再生纤维素、乙酸纤维素、聚砜、聚甲基丙烯酸甲酯等制成的中空纤维膜。这些中空纤维膜的内径为200~300μm、厚约20μm，有无数个0.002~0.01μm大小的小孔，人体透析机由1万~2万根这样的中空纤维构成。因为透析液与血液之间存在浓度差，所以尿毒素、钠（Na）、钾（K）可通过中空纤维膜排出体外，同时，也可为血液提供钙（Ca）。

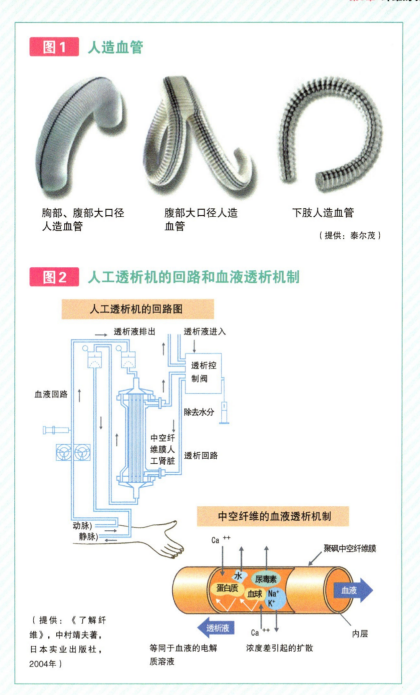

在渔业和海洋领域使用的纤维

● **紫菜养殖网**[10]

紫菜的养殖是以丝状体培育、采苗（壳孢子采苗）、育苗、养殖、采摘的顺序进行的。9月末水温降至22℃以下，在丝状体的培育槽中重叠放置20~40张紫菜养殖网，并卷绕到水车上，慢慢转动水车使孢子附着在上面。10月上旬，将5~10张上述的紫菜养殖网重叠张开放置到海水中，进行发芽增芽。这时很重要的一点是，每天需将网从海水中拉出干晒4~5h（称为干露）。这样可以清除混杂的藻类和菌类、增产、疏苗，所以是必不可少的。11月上旬，水温降至13℃，在有大型河流流入的入海口（由于盐分低且含有丰富的营养，适宜紫菜养殖）设立支架，将完成育苗的网一张张挂在支架上，并持续到12月中下旬，期间需要用机械采摘紫菜4~6次。制作这种紫菜养殖网要选用具有优良的亲水性（晾晒紫菜时纤维必须保持适量的水分）、吸水性及适当强度的维尼纶。

● **人工藻场**[16]

在海水中建立的藻场地基，一般使用混凝土和天然石材，但如果仅是这样不但表面形状单一，而且海藻的附生效果也不一定好。所以，采用在混凝土表面粘贴尼龙等植绒片材（在网格状的纺织物表面放置纤维的薄板）的施工方法会提升效果。

第5章 纤维的功用

图1　紫菜养殖网及其铺设

紫菜养殖网

丝状体的培育

紫菜养殖网的铺设

（提供：第一制网）

图2　植绒片材铺设面和混凝土基面的海藻附着情况

左：铺设约6个月后
右：铺设约1年5个月后

植绒片材铺设面　　　混凝土基面

（提供：SAKAI OVEX株式会社）

139

014 轻质且环境友好型的膜建筑[17]

近年来，永久性建筑物多采用巨大的膜构建建筑物顶棚等部分。在日本，膜建筑首次使用于1970年在大阪举办的日本世界博览会中的美国馆的顶盖。总面积约为10 000m²，顶盖是一张由空气鼓起的膜。随后，这种膜建筑的研究不断进步，并应用于以东京巨蛋为代表的永久性建筑物之中，现已广泛应用于世界各地的纪念性建筑物。

膜建筑不仅轻型、强度高，且透光性良好，可创建光线柔和的空间。而且可设计性强，特别是可进行曲面设计。

此外，关于膜结构建筑，日本制定了关于永久性建筑物所使用膜材料的"特定膜结构建筑物技术标准"，规定玻璃纤维纺织物的表面要覆盖有四氟乙烯系树脂。这是基于其防火性能而设定的。

● **轻型且华丽的临时帐篷**

对于用于室外作业或活动场地的临时帐篷，常使用具有氯乙烯树脂深层的聚酯纤维纺织物。例如，帝人公司的"aero shelter"（商标）就采用了高强度的长聚酯纤维。2004年10月，新潟县中越地震时，这种帐篷作为受灾者的临时避难设施被大量使用，并出现在电视、报纸等各大报道之中。其实际尺寸为55~219m²，重38~110kg，质量很轻并且很结实。

第5章 纤维的功用

图1 膜建筑的特征

轻　　　　　　　明亮　　　　　　　自由设计

（提供：日本膜结构协会）

图2 骨架式膜结构、膜结构建筑物

南非世界杯场地

埼玉体育场

大馆穹顶

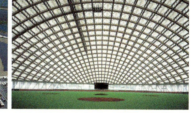

（提供：太阳工业株式会社）

图3 超轻大型临时帐篷

（提供：帝人纤维）

141

015 轻质不生锈的超级纤维棒材

将高强度、高弹性纤维加工成束，再用环氧树脂加以固定制成的棒材，可作为钢筋的取代品用来加固混凝土。纤维棒材强度不亚于钢筋，质轻且不易生锈，多用作地锚和水渠的加固材料。另外，由于它不具有磁性，适用于对电磁波无屏蔽作用的墙体。

● **抗震加固性能良好**[18]

这些高强度、高弹性的纤维，在解决混凝土老化问题上也起着积极的作用。混凝土价格低廉，抗压性强，可制成任何形状，性能优良。在阪神淡路大地震中，阪神高速公路的桥梁发生了坍塌，这是因为混凝土自重大，且不能承受过大剪切应力。在过去40年里日本建造的道路、桥梁等混凝土建筑物，现在大多出现了老化现象，人们正在积极寻求强化建筑物、提高安全性能的方法。加固混凝土建筑物的主要目的是提高其抗震性，所以倾向于选择自重小、抗剪切强度高、变形性能好的材料。

对建筑物立柱、桥梁桥面、骨架等进行抗震加固时，可以在其上缠绕高强度、高弹性纤维制的薄膜，并用环氧树脂等黏合。例如，通过在桥梁桥墩上缠绕纤维薄膜，韧性可以提高6倍。另外，为了防止地震时桥梁掉落，可以使用装置将桥梁和桥台连接起来，目前正在开发使用聚酰胺纤维带的这种装置。

第5章 纤维的功用

图1 聚酰胺制棒材

Φ6mm异形棒材

Φ7.4mm异形棒材

Φ12.4mm细绳

（提供：帝人）

图2 利用高强度纤维薄膜强化桥梁支架

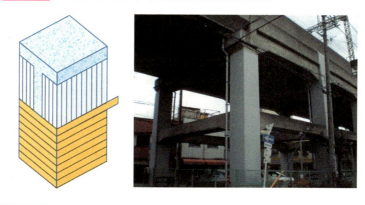

图3 桥梁止落带

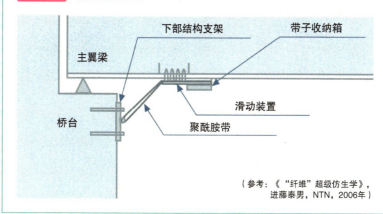

（参考：《"纤维"超级仿生学》，
进藤泰男，NTN，2006年）

016 具有纳米结构纤维的消防服[19]

保证消防人员安全的消防服主要追求两个功能：①保护消防人员身体免受火灾时的火焰和灼热伤害；②减轻救火时由疲劳和中暑带来的身体负担，提高舒适性。

日本以①为目的，开发了以在耐热与防火方面性能优越的间位聚酰胺纤维为中心、将高强度材料对位聚酰胺编织成纵横网格结构的消防服。这种消防服一旦发生破裂，可以最大限度地抑制裂口的扩大。

在实现功能②方面，日本已开发出了使用纳米纤维制作的具有隔热、耐热、穿着舒适的先进消防服。消防服有最外层、中间层、隔热（最内）层三层结构，纳米纤维材料主要应用于隔热层，将皮肤与外界隔绝。其中，在聚酰胺纤维（对位型）内部，采用先进技术，使纳米级别的碳系超细颗粒均匀地分散开，因此其热传导率大于普通的聚酰胺纤维，使热扩散能力得到大幅度提高，改善了隔热性能。

在如图1所示的烈火等高温环境下，消防服可以分散并释放吸收的热量，与传统产品相比，可以减轻40%的火灾伤害（图2）。另外，与传统消防服相比，这种消防服在防热效果相同时，可减少15%的质量。

众所周知，在世界范围内，北美对消防服的安全性能要求最为严格，日本对消防服的舒适性能要求最为严格。性能试验结果显示，这种新型消防服同时兼具安全、舒适这两种功能。

第5章 纤维的功用

图1 热模试验（ISO 13506）

图2 烧伤位置、等级

应用纳米纤维　　未应用纳米纤维

1 度烧伤
2 度烧伤
3 度烧伤

（提供：NEDO、帝人化工技术产品、细川密克朗公司）

145

促进能源可持续发展的纤维[20]

● 风力发电

风力发电就是在风的作用下使风车转动,并用发电机将回转运动的动能转化为电能进行发电。现在的风力发电利用计算机控制风车的朝向,可将40%的风能转化为电能,是一种效率较高的发电形式。风能与受风面积、空气密度以及风速的3次方成正比,也就是说当受风面积和空气密度一定时,风速如果变为原来的2倍,风能将提高8倍。因此若将风车朝向风向,就可以最大限度地利用风力了。

但是在刮台风等强风情况下,为了避免风车损坏,常使用可变螺距机构,这样遇到强风时风车会停止运转。日本的北海道、青森、秋田等沿海区域以及冲绳诸岛等地区,平均风力常年稳定在6m/s以上,所以在这些地方设置了数百架风车进行风力发电。风能是一种绿色可再生的能源。对于风力发电机的风车叶片部分,在小型叶片时使用玻璃纤维,如果是大型叶片则必须选择质量轻强度高的碳纤维复合材料。

● 储备绿色能源的汽车用压缩天然气储气瓶

天然气汽车是以压缩天然气(CNG)为燃料的汽车。压缩天然气的储气瓶常由金属制成。但是为了满足其强度高、质量轻的需求特性,在环氧树脂强化碳纤维复合材料中添加密封性好的树脂,开发出全树脂产品,这种产品的质量只有金属罐的一半。

第5章 纤维的功用

图1 风力发电原理

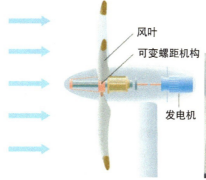
风叶
可变螺距机构
发电机

（参考：布引高原风力发电所）

（笔者摄影）

图2 天然气汽车

调节器（减压阀）
燃料遮断阀
喷射器
过滤器
燃料配管
燃料容器
气体填充口

（提供：日本天然气协会）

图3 压缩天然气储气瓶

（提供：碳纤维协会）

专栏

交通与纤维

现代生活中缺少不了衣食住行,纤维不仅应用在服装及住宅领域,与交通也息息相关。

汽车使用的纤维制品有车内的座椅、坐垫、门饰板、保护乘客的安全带、安全气囊以及发动机周围的管子、皮带、轮胎中的软线等。汽车车内使用的纤维制品在电车中也同样使用。除此之外电车的连接部件也会用到纤维。

在新干线N700系车厢连接处,连接罩部分由现行的左右晃动缓冲改良为全方位设计,减轻了由车厢底板晃动产生的噪声。这种罩子是将芳香族聚酰胺多层布与防水薄膜进行层压而得到的材料,在减轻噪声、提高防风性及节能方面效果显著。

在特殊的聚氨酯树脂中,将纳米材料加工出大小为0.5~0.3μm(大约为原来的二十分之一)的气孔,形成大小均一的多孔膜,不仅可以维持性能,也可以使膜的厚度变为原来的一半,且手感更加柔软。而且利用新开发的技术也成功地避免了磨损所造成的防水性降低问题。

(笔者摄影)

第 6 章

舒适的纤维

人们对于服装布料有什么样的要求呢？
美观肯定是其中之一。
此外，布料冬季要保暖，夏季要吸汗，还要具有耐洗涤等多种多样的性能。
本章将会为大家介绍新型纤维材料。

能发出绿色荧光和红色荧光的茧和生丝
依据基因重组，将多管水母的绿色荧光蛋白质（GFP）和珊瑚的红色荧光蛋白质（DsRed）加入丝中。

依据基因重组，将荧光蛋白质导入蚕茧中
（提供：农业生物资源研究所）

001 吸汗后可保持干爽的纤维[1]

内衣的主要功用就是吸湿、吸汗和保暖。人体流出的汗液一部分是气体状态（不易被感知的水蒸气），另一部分是运动时的液体状态，这两种汗有细微差别。对于运动型内衣来说，主要是吸收液体汗。

吸湿性强的纤维能够很好地吸收气态汗，而吸水和吸汗性强的纤维能够同时吸收液体汗和气态汗。

● **吸湿性良好的纤维**

棉、羊毛、人造丝等纤维吸湿性很好，聚酯纤维、尼龙等合成纤维吸湿性较差。纤维内部或纤维表面上如果含有亲和水分子的亲水基（羟基、羧基、氨基等）或一些化合物，就可以提高吸湿性。看一下构成棉主要成分的纤维素分子结构，就可以发现其中含有很多羟基（—OH）。

除此之外，纤维分子有晶体（排列整齐）结构和非晶体（无规律散乱排列）结构，晶体结构中分子之间结合紧密，水分子难以进入，但是水分子可以进入到非晶体结构中。所以，吸湿性受纤维中的非晶体结构和纤维表面的亲水基影响。在第1章中介绍的棉和人造丝，都是由具有相同结构的纤维素分子构成，但是由于人造丝的非晶体结构较多，所以吸湿性比棉要好很多。

合成纤维中比棉吸水性更好的材料是聚丙烯酸酯纤维，其吸湿性是棉的3~4倍。

第6章 舒适的纤维

图1 吸湿性良好的纤维分子构造

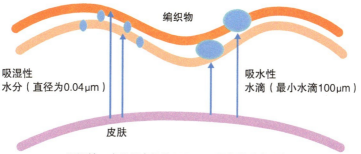

纤维素

聚丙烯酸酯

结构中含有-OH和-ONa

图2 吸湿性和吸水性

编织物

吸湿性
水分（直径为0.04μm）

吸水性
水滴（最小水滴100μm）

皮肤

吸湿性：水分子直径为0.04μm，呈化学反应现象
吸水性：最小水滴为100μm，呈物理反应现象

图3 流汗的机器人

能够模拟人体流汗的机器人在人工气象室里用来测试衣物的舒适性

（提供：日本东洋纺织株式会社）

151

002 剧烈运动时也可保持干爽的纤维[1]

吸水和吸汗性能良好的纤维能够很好地吸收液体水及汗液。吸水性和毛细管现象密切相关。增大单位体积内纤维的表面积,就能够增加纤维和水的接触面积,从而提高吸水性。可以通过以下方法来增加表面积。

- 细化纤维

细化纤维可以增加单位体积内纤维分子的数量,从而增大表面积,提高吸水性。

- 改变纤维横截面或侧面形状

改变纤维的横截面形状,或者在纤维侧面增加微小的沟壑,可以增大表面积,从而提高吸水性。

- 纤维侧面的多孔化

使纤维变为中空状,在侧面打上大量细小的孔从而增大表面积,提高吸水性。但是,如果仅是中空结构的话,里面的空气会阻碍水分子进入,所以,必须打上贯穿中央部分的微型细孔。

使用这些方法不会改变纤维自身的化学性质,所以合成纤维具有快速干燥的性质。增大纤维表面积,还可以使被吸收的水分快速扩散蒸发,在吸汗的同时也能够使衣服尽快变干。

一般情况下,运动衫的吸湿性较为重要,但在剧烈运动时,吸水性更重要。所以,在制作布料时,有时也会将吸湿性好的材料和吸水性好的材料复合使用。

第6章 舒适的纤维

图1 提高纤维吸水性的方法

① 细化纤维

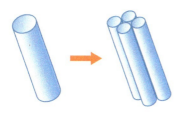

② 改变纤维横截面和侧面形状

（提供：旭化成纤维株式会社）

③ 在纤维横截面加上微小沟壑

④ 纤维侧面的多孔化

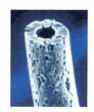

（提供：帝人纤维）

图2 吸湿、吸水、速干材料的结构示例

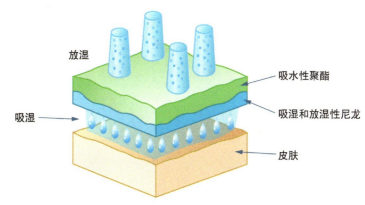

吸湿和放湿性材料吸收皮肤上的汗液，使其移向皮肤外侧。在外侧使用吸水材料，快速排出已吸收的汗液

003 模仿北极熊毛的保暖纤维[1]

让空气包裹身体有利于提高保温性能。空气的保温性是纤维导热性的8~9倍。让空气包裹身体是指在衣服里做一个隔层，阻断空气流通。气流一旦流通就能传递热量。为了制作这样的隔层，就需要将非常细的纤维做成棉絮状或者中空状。

在极地生活的北极熊的毛具有中空构造，保温性很好。北极熊的毛接近透明，构造和人体毛发不同，并非实心，而像麦秆一样是中空的，使肌肤能够更好地吸收阳光[2]。

为了提高合成纤维的保温性，人们模仿北极熊的毛，研发了中空纤维。将作为纤维原料的高分子从细孔中挤压出来，通过空气冷却即可得到聚酯和尼龙。这样，可以通过控制孔的形状来制作中空纤维。在此提示一下，如果一开始就做成中空纤维的话，有些中空尺寸大的部分有可能会在后面的编织过程中被压瘪，因此这种情况下一般先做成含有两种成分的纤维，在编织结束后再将其中一种成分溶解掉形成中空状。

用这种方法制成的中空纤维有一定的缺点，主要是在中空部分的漫反射而泛白，为了避免这种现象，将孔的大小降到光的波长以下。此外，日本也正在研发相应的轻质纤维。

第6章 舒适的纤维

图1 北极熊毛的内部结构
（左：毛的表层，右：中空部分）

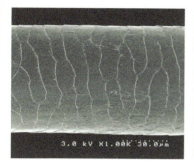

（提供：可乐丽）

图2 不同形状的中空纤维

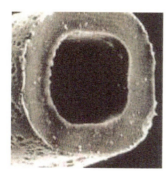

（提供：左图为帝人纤维，右图为旭化成纤维）

图3 将编织物的芯部成分溶解，制成中空纤维

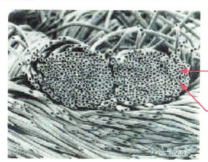

海成分：在碱中易于溶解的成分
岛成分：尼龙

（提供：东丽）

155

004 防寒效果显著的纤维[1]

在此介绍通过光能转化成热能,提高防寒性能的发热保温纤维。

● **吸收光能的蓄热保温纤维**

这种纤维是将能够吸收特定波长的太阳光并将其高效地转化为热能的物质(碳化锆等)添加于纤维内部和表层制成的,用来制备滑雪服等产品。以碳化锆为例,它能够吸收波长约 $2\mu m$ 以下的太阳光,并转化成热量,而波长大于 $2\mu m$ 以上的光则不能被吸收,直接被反射。

● **远红外线放射纤维**

这是将加热后远红外线辐射能力大幅增强的化合物(硅酸锆陶瓷等)添加在纤维内部和表层制成的。经远红外线照射的物体,内部的分子和晶格会振动发热,与传导和对流的导热性相比,快速加热和均匀加热的性能更好。这种纤维被用于寝具和内衣中,体温加热后就会辐射出远红外线,使人感到更温暖。

● **吸湿发热纤维**

物质一旦吸收水分就会产生水和热。羊毛等吸湿性好的纤维,发出的热量也高。在天然纤维中羊毛吸湿性最好,产生的水和热也多。冬季登山,羊毛鞋可以防止冻伤就是因为其可以吸湿发热。含有丙烯酸酯等新开发的合成纤维已经投向市场,其吸湿性能大大优于羊毛。

第6章 舒适的纤维

图1 蓄热保温纤维的原理

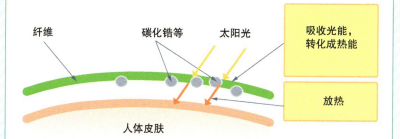

碳化锆等物质一旦接触光,就会吸收并转换成热能发热,使纤维的温度上升

图2 远红外线放射纤维实例

截面上的白色粒子是远红外线放射陶瓷

(提供:可乐丽)

图3 远红外线放射纤维产品的保温效果

未加工布料　　　远红外线放射纤维(红色部分温度高)

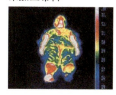 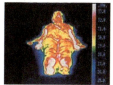

(提供:可乐丽)

图4 用于冬天内衣的吸湿发热纤维布料

005 防晒护肤纤维[1]

紫外线是光的一种。如果按波长由短到长进行分类，可分为紫外线、可见光、红外线三种。可见光的波长为400~760nm，紫外线的波长比可见光短，为100~400nm。紫外线根据波长又可分为A波、B波、C波，会对人体皮肤造成不同程度的伤害，所以化妆品和衣服常采用一些防紫外线（UV）措施。

为了保护皮肤免受紫外线的伤害，单单采取抵抗直射阳光的措施是不够的。由于紫外线会在草坪或混凝土路面发生反射，所以虽然帽子和阳伞可以保护脸部等部位免受直射紫外线伤害，但反射部分的紫外线却无法避免。

● **抗紫外线纤维**

首先，用衣服防紫外线时，宜选用质地较厚的布料。其次，黑色或深色的衣服能够吸收紫外线避免皮肤损伤。但初夏时节，人们大多喜欢穿着质地较薄的浅色衣物，所以必须注意对紫外线的遮蔽。不同纤维的紫外线透光率不同，棉料和人造丝容易透过紫外线，与此相反，聚酯纤维本身就具有一定程度的抗紫外线效果。

目前抗紫外线纤维正在开发之中。如果向纤维中加入可吸收紫外线的扩散型物质，就可以提高紫外线的遮蔽效果。同时，提高红外线的反射率、防止衣服内部温度上升的纤维，已被应用到运动衫、窗帘布料等各种产品之中。

第6章 舒适的纤维

图1 太阳光与紫外线的区分（波长和能量）

太阳

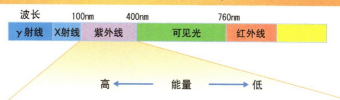

紫外线C	紫外线B	紫外线A
100～280nm	280～315nm	315～400nm
被臭氧层所吸收，无法到达地面	室外光照能量高，皮肤会被晒红或晒出水泡。其中一部分被臭氧层所吸收	可穿透户窗玻璃进入室内。能量较低。可进入皮肤内部，造成老化。生成黑色素，使皮肤变黑

图2 抗紫外线纤维实例（左：短纤维，右：长纤维）

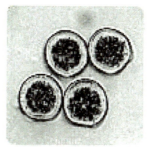

内部混入高浓度的特殊陶瓷后具有异形截面的聚酯纤维

（提供：可乐丽）

159

控制火势的阻燃纤维[1]

日常生活中，在儿童燃放烟花、老人做饭时，因火苗烧到衣袖而被烫伤，或是因炉具的火点燃窗帘引起火灾的事故屡屡发生。纤维制品基本上都可以燃烧，但现在已经开发出本身不易燃烧的阻燃纤维和进行阻燃处理的纤维。

● **阻燃纤维**

阻燃纤维是指靠近火柴或打火机等小型火源时不会燃烧，或燃烧不扩散、远离火焰后立即熄灭的纤维。在日本消防法中，将阻燃称为"防炎"，两者是同义词。此外，还有"不燃"这一用语，但这是指完全不燃烧的玻璃纤维、碳纤维、金属纤维等不燃纤维。

● **纤维的阻燃处理**

棉料和人造丝等纤维素系纤维会燃烧扩散，其原因是，纤维素（由碳和氢、氧构成的高分子化合物）热分解后会生成烃类等可燃性气体。这种情况下的阻燃处理就是使其在加热时不产生烃类气体，而是分解成碳和水，从而起到阻燃作用，其中，起催化作用的含磷化合物相当于阻燃剂。

另外，还有一种纤维，其本身含有卤族元素，加热后纤维分解释放出卤素气体覆盖在纤维表面隔绝空气，从而达到阻燃的目的。此外，热熔性合成纤维熔化后发生收缩，离开火源也能够达到阻燃的目的。

第6章 舒适的纤维

图1　纤维的燃烧循环

纤维被点燃时，会分解产生可燃性气体，混入空气（氧气）后，火势蔓延

图2　防火标签（粘贴用）

日本消防法规定，宾馆、剧院、医院等人员流动性大的公共场所，有义务配备具有一定的防火性能的窗帘和地毯，符合标准的物品会贴有"防炎"标签

（提供：日本防火协会）

图3　窗帘用防火试验装置

将试样以45°角装配，用燃烧器等小型火源使其从背面的底部开始燃烧，将火势是否蔓延以及碳化面积的大小作为评价的依据

（提供：Suga试验机株式会社）

冬季防静电纤维[1]

两物体相摩擦时会产生静电。由纤维摩擦而产生的静电，遇水时会释放。当产生的静电与释放的静电达到平衡时，带电量就达到了饱和。合成纤维一般来说含水量少，因此带电量大，冬天时就会产生啪啪声，还会使衣物粘连。

● **防静电纤维**

尼龙、聚酯等合成纤维原料的高分子中含有掺杂着亲水物质的纤维化物质。在亲水物质的作用下，这种纤维可以避免静电带来的困扰。这些防静电纤维可用于内衣、内衬等。

另外，在洗涤后，添加含有防静电剂的柔软剂或是利用防静电喷雾器，都能暂时预防静电。

这些方法都是利用空气及纤维中的水分使静电释放的原理，所以在低湿度状态下效果将会降低。

● **导电纤维**

将导电的碳微粒和金属氧化物混入纤维原料的高分子中，再将这种高分子与尼龙和聚酯进行复合纺纱，这样制成的纤维就是导电纤维。将这种纤维以网格状等形态，部分织入到防静电净化室的工作服（无尘衣）中。这样，净化室中的静电就不能释放到水中，工作服带电后，可以以电晕放电的方式将电荷导入导电纤维，进行除电工作，因此无尘服几乎不受湿度的影响。

图1 一般的防静电纤维与导电纤维的结构

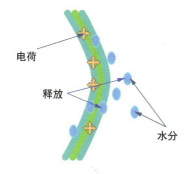
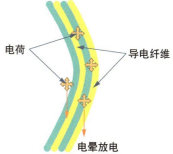

电荷　释放　水分　　　　　电荷　导电纤维　电晕放电

一般的防静电纤维

电荷是通过向纤维及空气中释放水分去除的。在低湿度条件下，空气及纤维中的水分少，电荷难以释放

使用导电纤维的纺织物

电荷不会大量累积，以向导电纤维电晕放电的形式进行除电。湿度几乎不对其造成影响

图2 导电纤维示例

（提供：可乐丽）

图3 使用导电纤维的净化室工作服

（提供：帝国纤维）

008 去除异味的纤维

我们身边充斥着各种各样的气味。为了消除食物的腐臭味、厕所的臭味、烟味、中老年体臭等令人不快的气味,可以使用活性炭、沸石等多孔物质吸附恶臭,也可以用除臭剂对恶臭进行化学吸附、分解,或者利用可释放强烈香气的物质来掩盖恶臭。

● 除臭纤维

除臭剂主要是对臭气进行化学吸附,对于不易吸附的物质以化学变化的方式使臭味消失。将除臭剂加入纤维之中,就制成了除臭纤维。在纤维原料的高分子中混入无机除臭剂(银沸石、活性氧化锌等),而后将其纤维化,或者在制成丝线或纺织物时加入除臭剂,都可制成除臭纤维。这些除臭制品被广泛应用于寝具、窗帘、袜子、内衣等生活用品及卫生材料之中。

● 利用太阳光除臭的纤维

氧化钛、银粒子都有光催化功能,它们在紫外线的照射下,可以将周围的水分子分解成羟基游离基,使得有机物质发生分解。

在纤维中添加这种具有光催化功能的物质,可制成具有除臭功能的光催化除臭纤维。近年来,日本开发出了在紫外线以及特定波长的可见光下均可进行光催化的材料。这种情况下,纤维本身可能会因为光催化剂而受损。因此,科学家正在研发的工作是在析出了磷灰石上覆上光催化剂,然后将其附在纤维上。

图1　除臭纤维的除臭原理

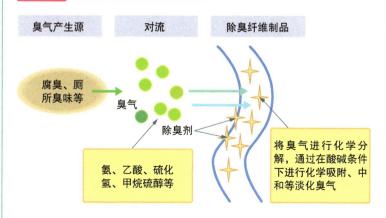

图2　光催化除臭纤维的除臭原理

氧化钛等光催化微粒在光照射下,将空气中的水分子分解为游离羟基,它可以分解气味物质等有机物,进而除臭

图3　被磷灰石包裹的氧化钛

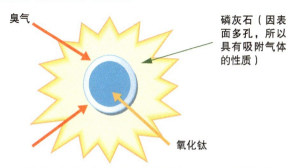

因表面覆盖磷灰石,可防止氧化钛与纤维或黏合剂直接接触。磷灰石是多孔的物质,可以吸收臭气并使氧化钛与臭气接触

009 保持身体清洁的纤维[3]

穿了一天的袜子为什么会变臭呢？这是因为人体皮肤分泌的皮脂和汗渍会在细菌的作用下分解，生成臭味极强的氨气等气体。

● **抗菌防臭纤维**

抗菌防臭纤维是指利用抗菌剂，抑制纤维上细菌的增殖从而达到防臭目的。附着在纤维上的细菌以人体分泌的皮脂和汗渍为营养源进行增殖，利用抗菌剂可以抑制细菌增殖，从而达到抑制细菌产生臭气的目的。

● **抗菌纤维**

抗菌纤维是混有抗菌剂或经抗菌表面处理的纤维，对耐甲氧西林金黄色葡萄球菌（MRSA）、黄色葡萄球菌、肺炎杆菌、大肠菌、绿脓菌等细菌的增殖具有抑制效果，是一种利用抗菌剂的效果来抑制表面细菌繁殖的纤维。抗菌纤维有一般用途和特殊用途。一般用途以家庭纤维产品为对象，以保障健康、提高卫生水平为目的。特殊用途以医疗器械和看护设施所使用的产品为对象，以抑制细菌繁殖为目的。

不论是抗菌防臭纤维还是抗菌纤维都用到了抗菌剂。抗菌剂主要使用的是具有银离子和铜离子抗菌性制成的银系化合物、铜系化合物、阳离子表面活性剂之一的季铵盐化合物以及天然抗菌剂甲壳质、壳糖等。

第6章 舒适的纤维

图1 抗菌防臭纤维的原理

内衣、袜子等（皮肤分泌的皮脂、汗渍和细菌的移动）
抗菌剂
皮脂、油
细菌
人体皮肤
抗菌防臭纤维

细菌 + 皮脂、油 → 将细菌产生的氨气等臭味气体分解
抗菌剂

抗菌剂可以抑制细菌增殖，抑制皮脂和油的分解（防臭）

图2 贴在合格品上的标签

抗菌防臭加工
（颜色：DIC66）

抗菌防臭加工
（一般用途）
（颜色：DIC121）

抗菌防臭加工
（特殊用途）
（颜色：DIC156）

社团法人 纤维评价技术协议会实施了抗菌防臭加工品和抗菌加工品的认证制度，为符合抗菌性、安全性标准的产品贴上标签

（出处：社团法人 纤维评价技术协议会）

图3 抗菌防臭加工品示例

010 应对花粉过敏的纤维

现在向大家介绍一下可以应对花粉过敏的材料。其中，有花粉难以附着的布料，也有即使能够附着也会在药剂的作用下减少过敏源活性的纤维。

● **花粉过敏**[4]

花粉症是杉树、水稻等花粉引发的过敏性病症。花粉症的发病机制如下。

花粉这种异物一旦入侵人体，首先人体会判断其是否可被吸收，如果被排斥，人体就会产生与花粉发生反应的物质。一旦花粉再次入侵人体内部，就会和鼻黏膜细胞表面的抗体相结合，细胞就会分泌一些化学物质（组胺等）尽可能地将花粉排出体外。所以，为了防止花粉进入鼻腔，常会伴随着打喷嚏、流鼻涕、鼻子堵塞等症状。

● **应对花粉的布料**[1]

通过防静电处理，或者利用导电纤维可以防止花粉因静电作用附着在衣服上。另外，对纤维组织进行高密度化，或者减少纤维表面的凹凸部分，花粉即使附着在衣服上也会很容易滑落。

● **减轻花粉过敏的纤维**[1]

将可以降低过敏源活性的特殊加工剂（高性能苯酚高分子）均一地覆盖到每一根纤维上，再将纤维加工成布料，就制成了可以减轻花粉过敏症的布料。加工衣料和窗帘等的时候，附着在布料上的过敏源就会在加工剂的作用下失去活性。

第6章 舒适的纤维

图1 杉树花粉

（提供：地方独立行政法人，青森县产业技术中心林业研究所 田中功二）

图2 花粉症的发病机制

花粉症是在花粉的作用下，人体产生的一系列过敏反应。人体的免疫反应在花粉过量的时候会出现花粉症的症状。身体将花粉排出体外的同时，会伴随着打喷嚏、流鼻涕、流眼泪等症状

（参考：厚生劳动省 花粉症Q&A）

图3 应对花粉的衣料结构

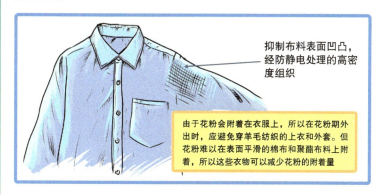

抑制布料表面凹凸，经防静电处理的高密度组织

由于花粉会附着在衣服上，所以在花粉期外出时，应避免穿羊毛纺织的上衣和外套。但花粉难以在表面平滑的棉布和聚酯布料上附着，所以这些衣物可以减少花粉的附着量

011 纤维与回收利用①
纤维制品的3R[1]

为了实现能源的可持续发展，政府正在积极地推进3R（Reduce、Reuse、Recycle）战略。其中，优先进行减少废弃物排放（Reduce）和再利用（Reuse），其次是物品回收（Recycle）。纤维制品的回收方法大体上分为以下三种。其中，从古至今最经济的方法是机械回收。但是，近年来，在价格低廉的进口产品的冲击下，回收品的数量在不断地减少。

● **机械回收**

机械回收是指用机械或物理的方法进行分类再利用的一种方法。

废弃布料：拆开废旧衣物，制成普通抹布或用于工厂擦拭油污的抹布，主要采用吸水性好的棉制品。

再生毛：经过精细切断的毛毡，适用于纤维较长的羊毛制品和合成纤维（聚酯）制品。

再溶解（100%合成纤维）：加热熔融或用溶剂溶解使其颗粒化后，作为成品使用。回收塑料瓶，制成聚酯纤维，是再熔解回收的一个实例。

● **化学回收**

化学回收是指用化学方法分解合成纤维，重新得到原料的一种方法。

● **热回收**

热回收是指将回收焚烧时的热量用于发电。也包括利用水泥厂中的燃料或原料、垃圾发电和固形燃料（RDF）之后，将所产生的热能作为锅炉工作的热源。

第6章 舒适的纤维

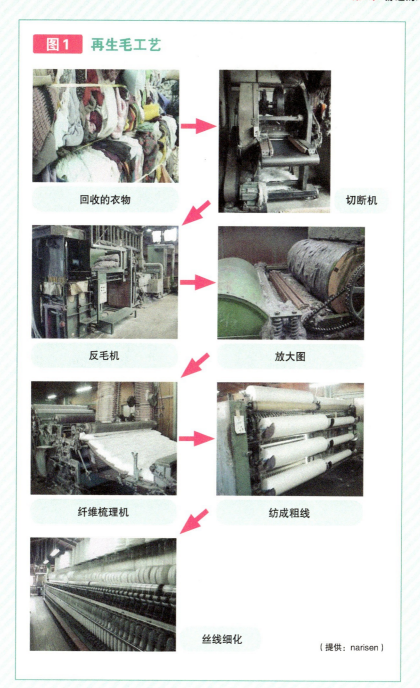

图1 再生毛工艺

（提供：narisen）

纤维与回收利用②
还原成原料的化学回收[1]

化学回收是指将合成纤维还原成低分子原料，用于再次制造加工的过程。

尼龙6制品的化学回收已经应用于渔网、服装、地毯等方面。美国在回收地毯时，用磷酸催化尼龙6纤维，分解成乙内酰胺，经提纯后，重新作为尼龙6纤维的原料。聚酯纤维的化学回收有很多方法，帝人株式会社以"回收聚酯纤维制品→分解得到DMT（原料）→重新生产聚酯纤维"的流程进行工业化生产。公司认为使用该方法可能会导致产品中混入其他纤维原料以及染料、加工剂等杂质，但是杂质含量在20%以内时对于产品质量不会有任何影响。

化学回收虽然是原料本身的循环，但是回收过程的运送以及化学分解反应都会产生能耗。即便如此，化学回收仍然能够节约化石能源。且在能耗方面，化学回收原料过程消耗的能量仅为提取原油过程的六分之一（图2）[5]。

在纤维制品的3R中，再利用（Reuse）效果最为显著。根据不同的目的，纤维制品的回收利用方法需要区别使用，使其在节约资源和降低成本方面具有广泛适应性。

第6章 舒适的纤维

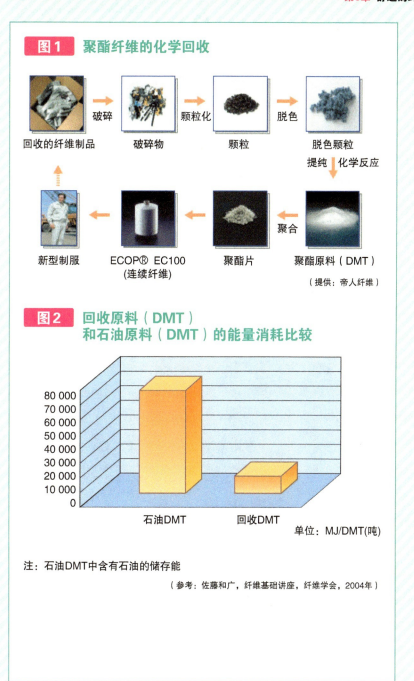

图1 聚酯纤维的化学回收

回收的纤维制品 → 破碎 → 破碎物 → 颗粒化 → 颗粒 → 脱色 → 脱色颗粒 → 提纯·化学反应 → 聚酯原料（DMT）→ 聚合 → 聚酯片 → ECOP® EC100（连续纤维）→ 新型制服

（提供：帝人纤维）

图2 回收原料（DMT）和石油原料（DMT）的能量消耗比较

单位：MJ/DMT（吨）

注：石油DMT中含有石油的储存能

（参考：佐藤和广，纤维基础讲座，纤维学会，2004年）

专栏

残疾人的时尚

对于身体有残疾或者需要照顾的人来说，其衣服也要具有与健康人一样的外观设计。在考虑服装便利性的同时，还要使用耐脏、易清洗的实用性材料。但目前为止，日本的产品在外观设计方面还不是很令人满意。

接下来介绍高福利国家比利时的一个公司——AtLevel公司的产品。该公司的基本理念是：❶功能性和时尚性；❷穿脱比较方便，无形中给予用户自信；❸减轻看护者的负担；❹节省看护者的体力和时间。

（提供：AtLevel公司）

易于看护者为病患穿脱

靠近背部衣端（特里科经编织物）的肩扣

可以调整松紧的腰身

第7章

纤维与未来生活

25年后,会出现什么样的纤维呢?
本章将在实际研发的基础上,
展望一下如何实现与新纤维技术相关的世界。

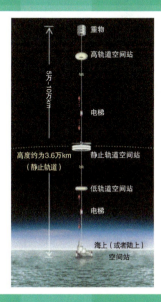

(提供:齐藤茂郎 宇宙电梯协会)

001 2035年的生活与纤维

文部省科学技术政策研究所每隔五年就要进行一次"技术预测调查"。专家根据这个调查预测了2035年的世界概貌，这里将分别对家庭生活、健康医疗、安全等方面进行介绍。

在健康医疗方面，2024年之前，针对重度病患的护理机器人将投入使用；2031年之前将开发出有感知能力的假肢[1]。

其中，纤维也在这些开发中发挥作用。护理机器人的臂部和手部都不采用金属材料，而是采用了经轻质且柔软的纤维强化过的橡胶和塑料。而且，和假肢皮肤接触的部位，在柔软的布料中加入了传感器，使其具有感知功能。在与医疗保健相关的纤维产品方面开发了多种高性能护理产品，如覆盖创伤面使皮肤实现自我修复的绷带等。

另外，现在正在开发一种机能障碍患者的康复套装，这种套装除了关节部位，其他部位都是由气压收缩橡胶和尼龙制成的人造肌肉，质量轻且容易穿戴，被称为"肌肉套装"。这种套装可以通过人造肌肉的收缩实现对应部位的活动，但是，活动需要动力源，且这种活动是机械性的。2030年左右，将会研发出可根据电信号灵活地进行细微动作的人造肌肉，同时将会出现更加舒适的康复套装。

第7章　纤维与未来生活

图1　2035年的生活（健康医疗）

有感觉的手部假肢

护理机器人

（参考：JST虚拟科学馆　未来技术年表）

图2　肌肉套装的活动原理

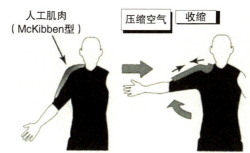

人工肌肉（McKibben型）　压缩空气　收缩

（提供：小林宏　超生态毫米纤维）

图3　高分子材料制成的电介质传动装置

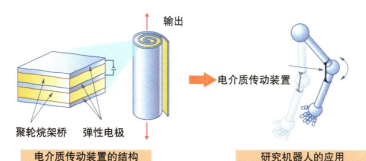

输出　电介质传动装置
聚轮烷架桥　弹性电极
电介质传动装置的结构　研究机器人的应用

（参考：东京大学，先进材料，丰田合成）

002 调整衣服内部环境的衣料① 发热材料

寒冷时，可通过加热来温暖身体局部部位的衣服上市了。使用通电后即可发热的纤维制成的布料已开发出多种产品。举一个产品的实例：有一种裤袜由导电丝（在尼龙纤维上镀银所得）编织而成，通过充电电池对其进行通电即可发热。用于裤袜的纱线一半都是由导电丝构成，可以温暖容易受凉的膝盖和大腿。电池调节装置位于裤袜前腰位置的口袋中[2]。

接下来，介绍一项应用片状加热元件的保暖衣专利。片状发热元件由片状发热体和安装于其两端的电极构成。发热体是以金属涂覆纱作为纬纱，绝缘纱作为经纱交叉编织而成的平纹织物。片状加热元件具有极好的保温效果，同时具有柔软性、透气性及轻质性等优异性能。使用这种材料就可以制成保暖衣。

在该专利所描述的事例中，介绍了将片状加热元件安装在背部的例子。这种片状加热元件由铜丝连接控制装置和小型电池组成[3]。

此外，还有如镍铬合金丝一般的丝状加热元件。这种丝状加热元件不仅使用在衣服上，而且使用在极寒地区的道路融雪工作中。将高强度纤维——芳香族聚酰胺纤维和细金属纤维捻和在一起，再在最外层覆盖上保护纤维，从而得到软线。将这种软线铺设到道路的沥青下面，到了下雪的季节，经通电即可使积雪融化。这可以说是一种避免使用融雪剂，有利于保护环境的施工方法。

第7章　纤维与未来生活

图1　发热裤袜

（出处：Warmx Thuringen Germany）

图2　应用片状加热元件的马甲

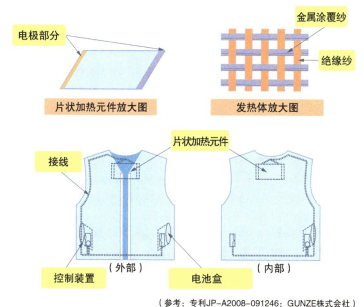

（参考：专利JP-A2008-091246；GUNZE株式会社）

003 调整衣服内部环境的衣料② 冷却纤维

炎热的夏季,用空调对整个房间进行制冷会消耗大量能源,实际上仅给人体降温就能实现节能效果。此外,这一理念也适用于户外或高温作业环境。

用衣服来调节体感温度时,保温相对容易,降温却很难。降温所用的装置也都是像冰箱和冷气那样的大型装置。因此,科学家正在进行对**帕尔贴元件**应用的研究。

帕尔贴元件是热电元件的一种,利用帕尔贴效应——在两种金属的连接交界处通上电流时,热量从一边的金属向另一边的金属传导的现象,制成了板状半导体元件。通直流电流时,界面的一面吸热,另一面放热[4]。

服饰环境信息网推进机构正在申请应用帕尔贴元件的电子空调服(升降温元件)的专利。对于衣服的使用者来说,这种组合产品实现了在穿着衣服的同时运行冷气和暖气的可能性。它由帕尔贴元件和绝热电路板组装而成,只要存在电流,帕尔贴元件就可以使某个部位发热而另一部位降温[5]。绝热电路板有两面——使用者身体一侧的面和与其相对的面,能够使帕尔贴元件两端的温度变化相互隔离。但在目前条件下,帕尔贴元件即使能够顺利降温,也不能很好地放热。

然而,当直接对身体进行保暖或降温时,如果要使全身都处于同一温度的话,反而容易导致身体疲劳,因此必须根据身体的不同部位进行调整。

第7章　纤维与未来生活

图1　帕尔贴元件的原理

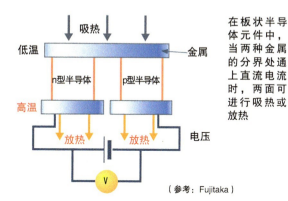

在板状半导体元件中，当两种金属的分界处通上直流电流时，两面可进行吸热或放热

（参考：Fujitaka）

图2　电子空调服实例

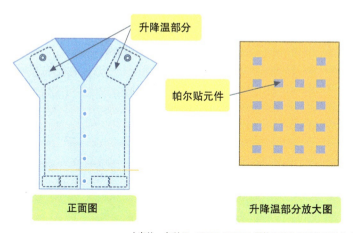

正面图　　　　　升降温部分放大图

（出处：专利JP-A2008-032581 服饰环境信息网推进机构）

181

004 与电子科技融合的e-纺织品[6]

　　e-纺织品是指将电气电子材料与编织物相结合的复合产物。欧美正在积极进行e-纺织品的开发研究，欧洲电子器械制造商开发出了装有音乐播放器和定位仪的夹克等产品。

　　在e-纺织品的研究中，需求量最大的领域是医疗用途领域。用于医疗的e-纺织品，有些应用贴身传感器来监控生理信息，也有些将愈合剂添加到布料中用于辅助治疗。例如，监控生理信息时，若将传感器直接安装在患者身上，会令患者行动不便，而安装贴身传感器，不仅患者可以自由活动，而且可以长时间监控生理信息。监控项目包括体温、心率、发汗量、呼吸频率、血液含氧量等。

● **e-纺织品在日本的应用实例[7]**

　　e-纺织品在日本的应用实例有置入传感器的尿不湿和布帛性软开关。前者是在尿不湿中加入导电纤维，尿液的累积会引起导电纤维间电阻值的变化，因此这种尿不湿会检测并显示出这种变化。后者则是由纤维制成的电开关。将导电纤维集中起来，当施加压力时，电容量会发生变化，这样就可以控制开关了。其中所使用的导电纤维与普通纤维一样柔软、易弯曲，所以可以反复洗涤。

图1 Infineon公司的e-纺织品示例

配备音乐播放器功能

Know Where Jacket

在纤维上安装IC芯片

（提供：Interactive Wear AG）

图2 置入传感器的尿不湿

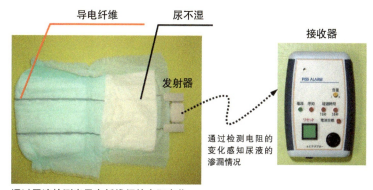

通过尿液检测出导电纤维间的电阻变化

通过检测电阻的变化感知尿液的渗漏情况

（提供：可乐丽）

图3 布帛性软开关

软开关的试制品示例

概念图

（提供：可乐丽）

转基因蚕丝——蛛丝纤维

蜘蛛网的中心部位是由较为密集的蜘蛛丝结合而成的，呈轮毂形状，是蜘蛛的巢穴。经丝从网的中心向外放射状延伸，形成网的骨架。另外，纬丝以旋涡状铺展，黏着点几乎为等间距分布。经丝强度高，纬丝虽然可大幅度伸长但强度较低。一旦猎物触碰到蜘蛛网，经丝和纬丝就会吸收昆虫的动能，使网不会轻易损坏。此外，还有包围在网之外的框架丝，以及连接框架丝与树木的固着、作为"保险绳"的牵引丝。牵引丝的强度很高，约为蚕丝的3倍[10]。

● **蛛丝纤维**

蜘蛛有互相残杀的习性，不能进行群养。因此，在世界范围内，正在研究将蜘蛛丝的基因导入蚕的体内，将蚕吐出的蜘蛛丝制成蛛丝纤维。据推测蛛丝纤维的强度与尼龙相同，伸长率为尼龙的35%。

日本信州大学的中垣雅雄教授也在研究蚕吐出的蜘蛛丝。显微镜下，在产后5h左右的蚕卵上开一个微型孔，通过玻璃管向其中注入蜘蛛丝DNA。从注入卵中孵化而成的成虫交配后得到的约4万颗卵中，有123组基因改组成功。改组成功的卵孵化出的蚕，可以吐出含有蜘蛛丝成分的蚕丝。但是蚕丝中蜘蛛丝的成分仅为1%~2%，若成分能达到10%，可以期待其具有一定蜘蛛丝的性能[11]。

第7章 纤维与未来生活

图1 蜘蛛网的结构与蛛丝的机械性质

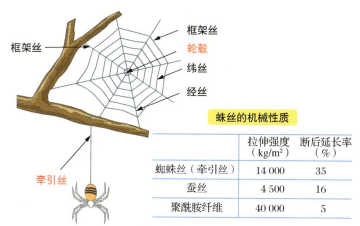

蛛丝的机械性质

	拉伸强度（kg/m²）	断后延长率（%）
蜘蛛丝（牵引丝）	14 000	35
蚕丝	4 500	16
聚酰胺纤维	40 000	5

（出处：《超级生物模仿学》，大崎茂芳，N.T.S.2006年）

图2 转基因蚕

（提供：中垣雅雄，信州大学）

图3 蛛丝纤维的袜子

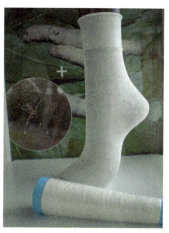

（提供：中垣雅雄，信州大学）

006 模仿壁虎的壁虎胶带[12]

壁虎为什么能在天花板上爬行呢？壁虎脚可以轻松地重复黏附、脱离的动作。壁虎的脚底密密麻麻地分布着像刷子一样的微小纤维束。这些细毛直径为0.1~0.5μm，长度为30~130μm，以数百万根为单位无间隙地生长。研究发现，这种细毛的末端与墙壁表面接触时会产生范德华力，从而使壁虎能够吸附在墙上。范德华力是物体间紧密结合而产生的力，距离稍微分开一点，范德华力就会急剧下降。通常来说，较大的物质表面会有杂质或尘埃，因此不能紧密结合，而壁虎脚底的纤维末端粗细在纳米级别，所以可以产生这种附着力。

● **模仿壁虎的强力吸附胶带**

英国曼彻斯特大学的吉姆教授等，受到壁虎吸附结构的启发，开发出了强力吸附胶带。对贴在硅薄膜上的厚度为5μm的聚酰亚胺膜进行表面微细加工，在其表面制出大量长2μm、直径0.5μm的纤维状突起物。试制样品在1cm²的面积上有百万根以上的突起物，可支撑300g的物品。

日本大阪大学中山研究室正在进行碳纳米管（CNT）的研究。1cm²的多层CNT可悬挂500g的塑料瓶。虽然这种材料在使用过程中，仍然存在着反复使用会造成吸附力下降等问题。但在不久的将来，我们能否穿着这种材料制成的衣服，像蜘蛛侠一样漫步于墙壁和天花板上呢？有待进一步研究。[13]

图1 壁虎脚底

（提供：可乐丽）

图2 强力吸附带试制样品

[出处：A.K.Geim.et al.:Nature Materials 2:461-463(2003年)]

图3 面积为1cm²的碳纳米管（CNT）的试制样品

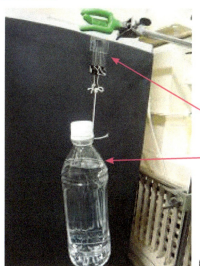

CNT：壁虎胶带
支撑体：聚丙烯

质量：500g

（提供：日东电工）

007　用于采集海水中铀的纤维[14]

每吨的海水中约含有钠10kg，钙、镁等2kg，除此之外，也含有极少量的铀、钛、钒、钴等用途很大的稀有金属，为2~3mg。所以可以计算出海水中约含有45亿吨的铀元素。英国、德国、中国等国都在研发从海水中提取铀的技术。

日本也在进行这一技术的研发。日本原子力研究所研发出了一种新技术——**偕胺肟捕收材料技术**。这是以使用于油栅无纺布的聚乙烯和聚丙烯为基质，利用放射线照射效果来固定偕胺肟基（吸附铀的化合物）的方法。偕胺肟捕收材料的相对密度和海水相同，可以在海水中系留，因此可以利用自然海流与海水充分接触，无需格外的动力就可以收集稀有金属。

青森县陆奥市已经用3年时间成功采集了大约1kg的铀。当时的成本是陆地上从矿石中采集铀的成本的5~10倍，但成本的80%都用在将收集材料系留在海水中的作业上。因此陆奥市随后进行了包括装置在内的技术改造，使用该技术制造的铀价格已不到市价的3倍，并且成本仍在进一步降低，陆奥市旨在2017年将这一技术投入使用[15]。这种捕收材料不仅能捕收铀，也能捕收钒、钴等稀有金属。纤维在这一方面也充分发挥了作用。

第7章 纤维与未来生活

图1 偕胺肟捕收材料的构造和金属收集原理

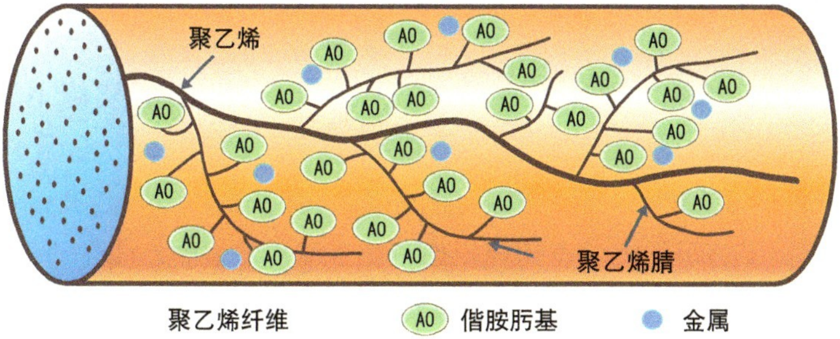

聚乙烯
AO
聚乙烯腈
聚乙烯纤维　　AO 偕胺肟基　　金属

图2 陆奥市海中的收集试验

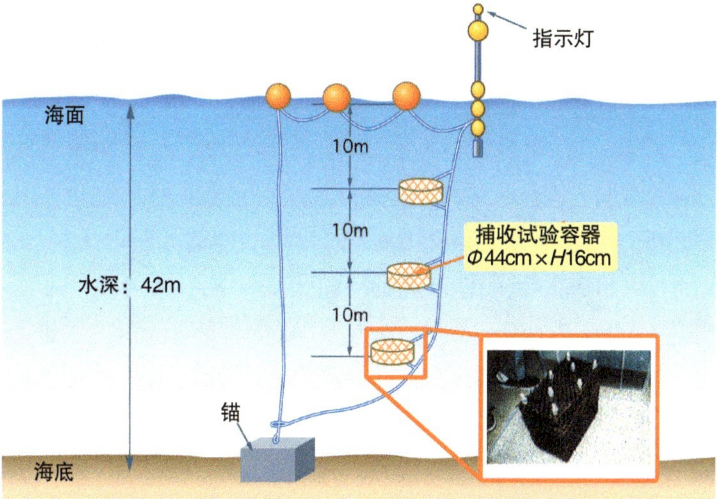

指示灯
海面
10m
10m
捕收试验容器
$\phi 44cm \times H16cm$
10m
水深：42m
锚
海底

（提供：日本原子力研究所）

189

008 为观测地球作出贡献的纤维

2001年起，以总务省和文部科学省为主，开始实施平流层平台的研究与开发。平流层平台就是使搭载着通信机器和观测中心的飞艇滞留在气象条件比较安定的、距地约为20km的平流层，进行通信、转播以及地球观测的系统。2003年、2004年他们分别进行了平流层的滞空飞行试验和定点滞空飞行试验。

宇宙航空研究开发机构在北海道的大树实验场利用全长68m的动力驱动无人飞船型试验机，进行了定点滞空飞行试验。

这架飞艇的船体使用了聚芳酯纤维（可乐丽公司的vectran商标）膜材。作为飞艇的膜材，要求其具有一定的强度且质量轻。这种材料以高强度的聚芳酯纤维为底布，实现了飞艇的高强度和轻量化。而且，这种纤维在超低温的平流层也不会吸收水分，所以具有不易结冰这一特点，因而被采用。这个实验成功后，下一步将计划实现250m级的大型飞艇的滞留[16]。

此外，1996年美国国家航空航天局（NASA）发射了火星探测器（Mars Pathfinder），火星探测器与飞船分离之后进入火星大气层，为了使其软着陆，使用了内部置有4层这种纤维材料的空气袋[17]。

第7章　纤维与未来生活

图1 平流层平台的研究开发概要

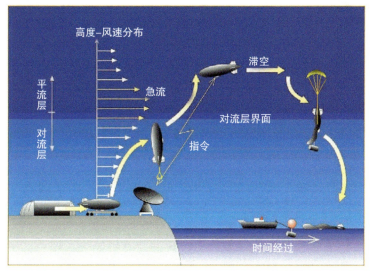

（提供：宇宙航空研究开发机构）

图2 平流层气象观测飞船（试验机）

图3 用于火星探测器的空气袋

（提供：宇宙航空研究开发机构）

（提供：NASA）

009 可能会被用于未来太空电梯的纤维[18]

　　远离地球的静止轨道上设置有太空站，进行着地球以及宇宙观测等各种各样的研究。将地面上的基地与太空站用电梯连接起来的这一构想的产物就是太空电梯。这种梦幻般的事情，利用纳米碳管这种新型材料也许真的可能实现。

　　为了实现太空电梯这一构想，首先要使用质量轻且强度高的纳米碳管，从漂浮在海面上的移动式海上空间站到数十万千米上空的宇宙空间建造宽约1m的条带。电梯依靠这个条带可能实现向宇宙输送物资。输送的对象可以是卫星、空间站的更换部件等，甚至也可以将人运送到空间站。

　　据专家说，这个计划最早12年后才有可能被实现。这一设想成败的关键就是连接地球与大气外的条带所使用的材料。纳米碳管将按规则排列的碳薄板弯曲，形成无间隙的长管，它的直径虽然只有几纳米，强度却可以达到钢的30~100倍，而且还具有很轻的质量。现在纳米碳管的开发正在快速进行。如果使用的是钢等材料，则条带很容易因为无法承受自重而发生断裂，但如果使用的是纳米碳管，则可能加工出这样的条带。

　　现在日本也成立了以研发太空电梯为目的的组织（社团法人、电梯协会）[19]。

图1　太空电梯的铺设方法

a)　b)　c)　d)

静止卫星轨道（距地面35,785m）

海上平台

a）首先，将太空船停留在静止卫星轨道上，以其作为方向导航铺设带状轨道；
b）完成最初的轨道铺设工作后，利用它铺设另一条轨道；
c）反复进行同样操作，最终就可以完成可使用的、具有一定粗度的轨道铺设工作

（参考：《超级仿生学》，大田康夫，NTS，2006年）

图2　太空电梯的构想和要素技术的实验

太空电梯的想象图

（提供：Space Elevator Visualization Group）

将气球停滞在200m的高空，将幅度为50mm的聚酯带子系留在150m处，进行用电池驱动升降机上升的实验

（提供：太空电梯协会）

《 参考书籍 》

第1章 什么是纤维?

1. 『実践家庭科教育大系6　被服の着装と管理』（開隆堂、1989年）
2. 福原精機製作所ホームページ（ニットについて：http://www.pfw.co.jp/p-knitt/）
3. 島精機製作所ホームページ（http://www.shimaseiki.co.jp/）
4. 『図説繊維の形態』（朝倉書店、1982年）
5. 『繊維の百科事典』（丸善、2002年）

第2章 纤维工艺

1. 日本の伝統的工芸館ホームページ（近江上布：
   http://kougeihin.jp/crafts/introduction/weaving/2804）
2. 近江新之助上布ホームページ（http://shinno-suke.com/）
3. 徳島県那賀町ホームページ（太布庵：
   http://www.town.tokushima-naka.lg.jp/kanko/kankolist/kito/012.html）
4. 福島織物ホームページ（http://www.fukukinu.jp/）
5. 株式会社 東野東吉織物ホームページ（http://www13.ocn.ne.jp/~reijin/）
6. 西陣織工業組合ホームページ（http://www.nishijin.or.jp/）
7. 『20世紀西陣織物総覧（前・後編）』京都市産業技術研究所編
   （2001年3月、2002年1月）
8. 『丹後織物読本』（丹後織物工業組合、1951年）
9. 『丹後絹織物風土記』（京都府織物指導所）
   『日本織物風土記』（全国繊維工業技術協会、1995年）
10. 本場大島紬織物協同組合ホームページ（http://www.oshimatsumugi.com/）
11. 河野織物有限会社ホームページ（http://www.sotetu.co.jp/）
12. SASAWASHI株式会社ホームページ（http://www.sasawashi.com/）
13. 墨勇志『繊維と工業』Vo.66,No.12,（2010年）
14. 艶金化学繊維株式会社ホームページ（http://www.tsuyakin.co.jp/）

第3章 天然纤维和人造纤维

1. 『もめんの話』（日本綿業振興会、1981年）
2. 『綿花から織物まで』（日本紡績協会、1995年）
3. 日本オーガニック・コットン協会ホームページ（http://www.joca.gr.jp/）
4. 『知りたかった繊維の話』（東レ経営研究所、2008年）
5. 日本麻紡績協会ホームページ（http://www.asabo.com/）
6. 日清紡ホールディングス株式会社ホームページ（環境活動：
   http://www.nisshinbo.co.jp/csr/environmental_report.html）
7. 繊維材料とその製法『繊維便覧　第3版』（丸善、2004年）
8. THE WOOLMARK COMPANYホームページ（ウールの基礎知識：
   http://www.wool.co.jp/knowledge/knowledge_index.html）
9. 群馬県立日本絹の里 シルクの総合博物館ホームページ
   （http://www.nippon-kinunosato.or.jp/）

参考書籍

10　安曇野市天蚕センターホームページ
　　（http://www.mtlabs.co.jp/shinshu/museum/tensan.htm）
11　日本化学繊維協会ホームページ（よくわかる化学繊維：
　　http://www.jcfa.gr.jp/fiber/index.html）
12　『ニューフロンティア繊維の世界』梶原莞爾、本宮達也 著
　　（日刊工業新聞社、2000年）
13　炭素繊維協会ホームページ（http://www.carbonfiber.gr.jp/）
14　動物から学ぶハイテク化　川崎悟司ホームページ（2008年6月8日：
　　http://ameblo.jp/oldworld/entry-10104467045.html）

第4章　纤维与色彩

1　『広辞苑　第6版』（岩波書店、2008年）
2　JIS Z 8102 物体色の色名（日本規格協会、2001年）
3　『日本の色辞典』吉岡幸雄 著（紫紅社、2000年）
4　『模様染の伝統技法』青柳太陽 著（理工学社、1992年）
5　JIS L 0801 染色堅ろう度試験方法通則（日本規格協会、2004年）
6　『流行色』（一般社団法人 日本流行色協会、季刊）
7　『新編色彩科学ハンドブック　第2版』（東京大学出版会、1998年）
8　『日本の繊維産業 なぜ、これほど弱くなってしまったのか』伊丹敬之 著
　　（エヌ・ティ・ティ出版、2001年）

第5章　纤维的功用

1　『インテリア情報ハンドブック』
　　（日本インテリアファブリックス協会、2000年）
2　『カーペットハンドブック』（日本カーペット工業組合、2004年）
3　全日本寝具寝装品協会ホームページ（http://www.jba210.jp/）
4　西川産業　日本睡眠科学研究所ホームページ
　　（http://www.nishikawasangyo.co.jp/sleep/about/suiken.html）
5　日本毛布工業組合ホームページ（http://japanblanket.com/）
6　浅井治夫　エアバッグ『これからの自動車とテキスタイル』（繊維社、2004年）
7　川崎清人　タイヤコード『これからの自動車とテキスタイル』（繊維社、2004年）
8　三菱レイヨンホームページ（エスカ：http://www.pofeska.com/）
9　特開平　11-138424　日本ミクロコーテイング株式会社
10　『農林水産用繊維資材の技術動向調査』（繊維リソースいしかわ、2004年）
11　栗原 優　水質浄化・造水用繊維　繊維リソースいしかわ講演会（2010年）
12　加藤哲雄　繊維と環境『繊維便覧　第3版』（丸善、2004年）
13　加納裕士　繊維と環境『繊維便覧　第3版』（丸善、2004年）
14　『繊維の百科事典』（丸善、2002年）
15　中村靖夫　治療に使われる繊維『繊維がわかる本』
　　（日本実業出版社、2004年）
16　サカイオーベクッス株式会社ホームページ（http://www.sakaiovex.co.jp/）
17　日本膜構造協会ホームページ（http://www.makukouzou.or.jp/）

18　進藤泰男　生活と環境に活かすものづくり『"ファイバー"スーパーバイオミメティックス』（エヌ・ティー・エス、2006年）
19　NEDO、帝人テクノプロダクツ株式会社、細川ミクロン株式会社プレスリリース（2010年1月25日）
20　財団法人 新エネルギー財団ホームページ（http://www.nef.or.jp/）
21　小松精練株式会社プレスリリース（2007年7月19日）

第6章　舒适的纤维

1　日本化学繊維協会ホームページ（よくわかる化学繊維：http://www.jcfa.gr.jp/fiber/index.html）
2　シロクマ紀行　Hisashi Okadaホームページ（http://www.polarbearc.com/）
3　社団法人 繊維評価技術協議会ホームページ（http://www.sengikyo.or.jp/）
4　厚生労働省ホームページ（花粉症特集：http://www.mhlw.go.jp/new-info/kobetu/kenkou/ryumachi/kafun.html）
5　佐藤和広　繊維基礎講座（繊維学会、2004年）

第7章　纤维与未来生活

1　独立行政法人 科学技術振興機構ホームページ（http://www.jst.go.jp/）
2　Warmx Thuringen Germany
3　特開　2008-091246　グンゼ株式会社
4　『化学大辞典』（東京化学同人、2001年）
5　特開　2008-031581　ウエラブル環境情報ネット推進機構
6　山崎義一　e-テキスタイル　繊維と加工　Vol.21　2010年
7　網屋繁俊、導電素材　繊維リソースいしかわ講演会（2008年）
8　東レ株式会社プレスリリース（2009年3月23日）
9　大崎茂芳、生体に学ぶものづくり『"ファイバー"スーパーバイオミメテックス』（エヌ・ティー・エス、2006年）
10　中垣雅雄　パリティ　2004年7月号
11　網屋繁俊、生体に学ぶものづくり『"ファイバー"スーパーバイオミメテックス』（エヌ・ティー・エス、2006年）
12　日東電工技報　90号Vol.47　2009
13　瀬古典明（日本原子力研究所）海水ウラン回収技術の展望　第27回　戦略調査セミナー（2009年）
14　産経新聞　2009年6月29日
15　宇宙航空研究開発機構　プレスリリース（2005年1月27日）
16　クラレホームページ（ベクトラン：http://www.kuraray.co.jp/vectran/）
17　大田康雄　近未来を創造するものづくり『"ファイバー"スーパーバイオミメテックス』（エヌ・ティー・エス、2006年）
18　宇宙エレベーター協会ホームページ（http://jsea.jp/）

译后记

　　纤维是人类生活中不可或缺的基础材料。纤维历史悠久，很久以前便应用于与日常生活密切相关的纺织业中。随着纤维科学的不断发展与进步，纤维在医药、环保、建筑、通信、生物科技等领域也得到了广泛的应用，并在一定程度上推动了这些领域的发展。纤维科学的发展为科技的发展提供了强劲的动力，在现代生活中拥有着不可动摇的重要地位。

　　本书的作者山崎义一长期从事化学纤维的研发工作，在《纤维科学》一书中，从日常生活出发，为我们浅显易懂地介绍了纤维的发展史、现状以及未来的发展前景。此外，本书还邀请了佐藤哲也教授，请他介绍了色彩学相关知识。本书图文并茂、深入浅出，使读者可以轻松地了解常见的纤维、纤维在各个领域中的应用以及纤维的发展前景。

　　作为从事相关行业的科技人员，我们深刻感受到纤维科学在人类生活及科技发展中的重要性。在认真品读之后，我们将其翻译成中文引入中国，让更多的中国读者了解纤维科学的广泛应用与无限潜力。在出版社的大力支持下，在译者的共同努力下，原书的翻译和校对工作终于完成了。在翻译过程中，我们力争以最通俗的方式让读者理解，但由于自身的局限性，其中可能有瑕疵，望读者批评指正。

　　在本书的翻译过程中我们得到了各界朋友的帮助和指导，感谢大连理工大学材料学院2009届日语强化班的康世薇、马宁、韩卉、张晶、王敏同学的辛勤工作。特别感谢本书的责任编辑唐璐女士、徐莹女士。本书的出版凝结了很多人的辛勤和汗水，在此一并表示感谢。

了解生活的科学成分
收获身边的科学知识

科学出版社
科龙图书读者意见反馈表

书　名 _____

个人资料

姓　名：_____　年　龄：_____　联系电话：_____

专　业：_____　学　历：_____　所从事行业：_____

通信地址：_____　邮　编：_____

E-mail：_____

宝贵意见

◆ 您能接受的此类图书的定价

　20元以内☐　30元以内☐　50元以内☐　100元以内☐　均可接受☐

◆ 您购本书的主要原因有（可多选）

　学习参考☐　教材☐　业务需要☐　其他_____

◆ 您认为本书需要改进的地方（或者您未来的需要）

_____

_____

◆ 您读过的好书（或者对您有帮助的图书）

_____

_____

◆ 您希望看到哪些方面的新图书

_____

_____

◆ 您对我社的其他建议

_____

_____

　　谢谢您关注本书！您的建议和意见将成为我们进一步提高工作的重要参考。我社承诺对读者信息予以保密，仅用于图书质量改进和向读者快递新书信息工作。对于已经购买我社图书并回执本"科龙图书读者意见反馈表"的读者，我们将为您建立服务档案，并定期给您发送我社的出版资讯或目录；同时将定期抽取幸运读者，赠送我社出版的新书。如果您发现本书的内容有个别错误或纰漏，烦请另附勘误表。

回执地址：北京市朝阳区华严北里11号楼3层

　　　　　科学出版社东方科龙图文有限公司经营管理编辑部（收）

　　　　　邮编：100029